맛있는 가성비 집밥 레시피로
더 쉽게, 더 간편하게 요리하세요!

레시피팩토리는 행복 레시피를
만드는 감성 공작소입니다.
레시피팩토리는 모호함으로 가득한
세상 속에서 당신의 작은 행복을 위한
간결한 레시피가 되겠습니다.

더 쉬운

가성비
집밥

오늘은 또 뭐 해먹지?

두 아이를 둔 현실 워킹맘의
더 쉬운 한 끼를 위한 최고의 레시피

"이 책은 더쉬운찬 인스타그램을 통해 소개했던 인기 메뉴들 중
59만 팔로워가 특히 공감했던 더 쉽고 맛있고, 가성비 높은 것들을 골라
누구나 실패 없이 따라 할 수 있도록 재검증해 만들었습니다."

저는 한창 성장기에 있는 두 아이를 둔 결혼 17년차 주부이자, 퇴근 무렵이면
'오늘은 또 뭐 먹지?'부터 생각하는 현실 워킹맘입니다. 시간에 쫓기며 생활하다보니,
항상 간단하게 만들면서도 가족들이 반기며 맛있게 먹을 메뉴들을 고민하지요.
그럴 때마다 여러 요리책, 요리 수업 자료들을 뒤적이지만 대부분 새롭게 장을 봐야 하거나
조리 과정이 복잡해 레시피만 읽다 지레 포기한 적이 여러 번 있었어요.

어떻게 하면 더 쉽게, 더 맛있게, 그러면서도 폼나게 집밥을 해결할 수 있을까?
이것이 바로 하루하루 바쁘게 살아가는 우리 모두가 공통적으로 집밥에 바라는 점이란 생각에
3년 전 '더쉬운찬'이라는 이름을 걸고 집밥 인스타그램을 시작했습니다.

'어느 집에나 있을 법한 기본 양념과 기본 식재료로 간단하게 만들어 내는 한 끼 식사',
'내가 오늘 당장 퇴근 후 집에 가서 해 먹을 수 있는 요리들을 소개해보자'는 마음으로
평소 해먹던 메뉴들부터 하나둘씩 영상으로 소개하다 보니 어느덧 59만 명에 달하는
팔로워분들이 함께하고 계셨고, 더 쉬운 레시피는 물론 저희 채널에서 판매하는 제품들까지
사랑해 주시는 많은 고객들을 만나게 되었습니다.

이 책은 더쉬운찬 인스타그램을 통해 소개된 인기 메뉴, 59만 팔로워분들이
격하게 공감해 주셨던 메뉴들을 골라 정리한 레시피들로 이루어져 있습니다.
매일 메뉴를 걱정하는 모든 독자분들이 책을 펼쳤을 때 오늘 당장 만만하게 해먹을 수 있는
요리들로 가득 찬 편하고 쉬운 '나의 찐 요리책'이 되길 바라는 마음을 가득 담았어요.

어느 집에나 기본적으로 갖추고 있을 법한 최소한의 양념들과 재료들로 익숙하고
실패 없이 간편하게 만들 수 있는 쉬운 레시피, 요즘처럼 고물가 시대에 더욱 빛을 발할
가성비 높은 맛있는 요리를 이 책을 통해 많이 발견하셨으면 좋겠습니다.

꼭 레시피에 소개된 재료 그대로가 아니더라도 냉장고 형편에 맞춰 있는 대로 요리를
자주 해보시길 추천해요. 그렇게 해서 가족이나 친구 등 누군가와 함께 내가 요리한 음식을
먹으며 즐거운 이야기를 나누는 시간을 종종 가져보세요. 진정한 소확행이랍니다.

책에 소개한 제가 몸 담고 있는 서림식품 제품들은 현실 주부, 현실 워킹맘으로서
제가 늘 사용하는 것들이라 더 자신 있게 소개해 드릴 수 있는 것 같아요.
요리가 힘들게 느껴지는 분들, 매일의 끼니를 걱정하는 분들께 소금, 설탕과 같이
어느 집에서나 꼭 하나 있어야 할 바이블이 되어 주방 한 켠에 이 책이 놓여 있기를 바랍니다.

2022년 8월 더쉬운찬 정혜원

한 그릇 뚝딱
면치기 요리 ―――――

홈스토랑
메뉴 ―――――

수월하게 끓이는
국물요리 ―――――

냉장고 속
든든 반찬 —————

열 반찬 필요 없는
영양솥밥 —————

당 떨어지는
오후 간식 —————

요리가
더 쉬워지는

Basic
Guide

쉽고 맛있는 집밥을 위한
몇 가지 꿀팁을 알려 드려요.
재료 준비나 만드는 순서만 달리해도
요리 시간을 확 줄일 수 있어요.

더 쉽게, 더 간편하게, 더 맛있게 요리하는 쿠킹 포인트

간을 맞출 때 항상 소금만 사용하시나요? 국물, 볶음, 조림 등의 요리에 따라 양념을 달리하면
그 맛이 더 깊어져요. 이제부터 간단하지만 더 맛있는 요리, 시작하세요.

▌양념 · 국물에 있어서

01 국 끓일 때는 국간장 : 참치액 = 1:1의 비율

미역국, 소고기뭇국, 육개장, 북엇국 등 자주 끓여 먹는
기본 국물요리들. 재료와 함께 국간장 1큰술을 넣어
볶다가 밑국물 혹은 생수를 넣고 끓입니다.
국물이 충분히 우러나면 마지막에 참치액 1큰술로
간을 맞추면 감칠맛도 채워져요. 3~4인 가족이
한끼에 먹는 국에는 이 정도 간으로 충분하지만
조금 더 양을 늘릴 경우에는 까나리 또는 멸치액젓
1큰술을 추가하고 그 외 모자란 간은 소금으로 맞춰요.

02 볶음, 조림에는 양조간장 : 참치액 = 1:1의 비율

각종 볶음, 조림류의 요리를 할 때 양조간장과 참치액을
1:1로 섞어 간을 하면 양조간장만 사용하는 것보다
깊은 맛과 감칠맛이 돌고 간도 딱 떨어지게 완성돼요.

03 덮밥용 쯔유는 간장 : 맛술 : 참치액 : 설탕 = 1:1:1:1의 비율

여러 가지 소스를 다 사지 않아도 집에 있는 양념만으로도
간단하게 쯔유를 만들 수 있어요. 덮밥용 쯔유는 각종 일본식
요리에도 사용할 수 있답니다.

**04 가열하는 요리에는 설탕 또는 물엿,
가열하지 않는 요리에는 올리고당 또는 꿀**

올리고당은 가열하면 단맛이 물엿에 비해 줄어들기 때문에
가열하는 요리의 단맛을 낼 때는 주로 설탕이나 물엿을,
가열하지 않는 요리에는 꿀이나 올리고당을 사용해요.

05 생강가루로 잡내, 비린내 없애기

생강은 고기 잡내나 생선 비린내를 제거하는 데 요긴해요.
동결건조된 생강가루를 구비해 두면 양념장에 넣기도 편하고
고유의 향도 제대로 살아 있어요. 다진 생강의 1/2분량을
사용하지만 적은 양일 경우에는 동량으로 넣어도 돼요.

06 물 + 다시팩으로 빠르게 밑국물 만들기

물 4컵(800㎖)에 다시팩 1개 비율로 넣고 뚜껑을
연 상태로 센 불에서 끓어오르면 중약 불로 줄여
10~15분간 우려내고 다시팩을 꽉 짜줍니다.
완성된 밑국물은 약 3과 1/2컵(700㎖) 분량이에요.
대용량으로 끓일 때는 물 10컵(2ℓ)을 팔팔 끓인 후
다시팩 3개를 넣어 바로 불을 끄고 다음날 아침까지
그대로 식히면 정말 진하고 깔끔한 밑국물이 우러나요.
이렇게 만든 밑국물은 냉장실에서 3~4일간 보관하며
소량씩 덜어 사용할 수 있어요.

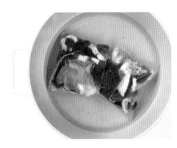

07 1초 만에 해결되는 초간단 밑국물 만들기

물 3과 1/2컵(700㎖)에 참치액 1큰술의 비율로 섞으면
밑국물을 대체할 수 있어요.

▮ 조리법에 있어서

01 쌀 씻기
건조된 곡식은 가장 먼저 닿는 물을 최대한 빨아들인다고
해요. 그래서 쌀을 씻는 첫물은 수돗물보다는 정수된 물이나
생수로 재빨리 씻어 버리는 것이 좋아요.

02 솥밥 지을 때 쌀 불리기
씻은 쌀은 체에 밭쳐 물기를 뺀 상태로 30분 정도
마른 불림을 해요. 물에 담가 불리면 쌀이 수분을 너무 많이
머금어 밥이 질거나 떡질 수 있어요. 완성된 밥은 바로 밥알이
깨지지 않게 주의하며 주걱으로 위아래로 충분히 섞으세요.
그래야 밥이 굳지 않고 고슬고슬 전체적으로 부드러워져요.

03 국수 삶기
충분한 물을 끓여 소금을 살짝 넣은 후 면을 넣어요.
국수가 부르르 끓어오르면 찬물 1컵을 넣고 다시 국수가
끓어오르면 한 번 더 찬물을 넣고 끓여서 국수가 투명한 빛을
띠면 바로 건져 찬물에 전분기가 없어지도록 박박 문질러
여러 번 헹구세요. 전분기가 없어야 쫄깃한 면발이 살아나고
퍼지지 않아요. 13쪽 참고.

04 해산물이나 조개류 해감하기
바닷물 염도(물 양 3% 정도의 소금)에 맞춰 해감하는
것이 좋은데, 대략 물 5컵(1ℓ)에 굵은 소금 2큰술을 넣고
녹인 후 뚜껑이나 쿠킹포일 등을 덮어 최소 30분 정도
냉장실에 두세요. 스테인리스 수저 등을 함께 넣으면
해감이 더 잘 돼요.

05 닭고기 누린내 제거하기
닭고기를 흰 우유에 20분 정도 재운 후 물로 살짝 씻어내면
누린내도 제거되고 더 부드러워져요.

06 전분으로 바삭한 튀김 만들기
육류 튀김을 바삭하게 할 때는 전분을 날가루 상태로 묻힌 후
튀김옷을 입히면 튀김옷도 두껍지 않게 생기면서 정말 바삭한
튀김을 완성할 수 있어요.

07 고추, 파프리카 등 겉면이 매끈한 채소 썰기
채소의 매끈한 면은 바닥에, 안쪽 면을 위쪽으로 향하게 해서
칼질해야 미끄러지지 않고 부드럽게 잘 썰려요.

08 시금치 등 잎은 연하고 줄기가 질긴 채소 삶기
끓는 물에 소금을 넣고 채소의 뿌리 부분(질기거나 단단한
부분)부터 넣어 삶고 살짝 데쳐낸 후 바로 찬물에 헹궈
식히고 체에 밭쳐 물기를 빼요.

09 양념장에서 참기름은 마지막에 넣기
양념장을 만들 때 참기름을 미리 넣으면 재료에 기름이
코팅되어 다른 양념이 잘 배지 않아요. 맛을 내는 양념을
먼저 섞은 후 마지막에 참기름을 넣으세요.

10 생선 부서지지 않게 굽기
팬을 예열하지 않은 상태에서 기름을 살짝 두르고
먼저 생선 껍질 부분을 팬의 바닥에 닿도록 올려 구워요.
껍질 쪽이 충분히 익고 난 후 뒤집으면 껍질이 생선살을
감싸 부서지지 않게 구울 수 있어요.

11 고기 맛있게 굽기
스테이크 등 양념 없는 고기를 구울 때는 코팅팬이 아닌
무쇠팬이나 스테인리스팬을 사용하세요. 중강 불에서 3~4분간
팬을 완전히 뜨겁게 달군 후 고기를 올리고 올리자마자
치익 소리가 나면 완벽한 타이밍입니다. 고기는 자주 뒤집지 말고
한 면이 완벽하게 익으면 뒤집어요. 소금 간은 굽기 전에 미리하고
후추는 쉽게 타기 때문에 고기를 익히고 난 후에 뿌려요.
양념한 고기는 중강 불과 중간 불을 번갈아 가며 불 세기를
조절하고 타지 않게 자주 뒤집으면서 익히세요.

12 국, 찌개, 조림 등의 불 세기 조절하기
재료를 한꺼번에 넣어 끓이는 찌개, 조림 등의 요리는
처음에 센 불로 시작해서 팔팔 끓어오르면 중약 불로 낮춰
살짝 보글보글한 정도가 유지되는 상태로 뭉근하게 끓여요.

13 다양한 색감으로 예쁘게 완성하기
파프리카는 미니 사이즈로 구입해 색상별로 골고루 넣으면
색감이 알록달록 예쁘고 맛이 더해져요. 남은 미니 파프리카는
생채소 그대로 곁들여도 훌륭한 술안주의 사이드 디시가 됩니다.

14 요리를 완성하는 가장 쉬운 데커레이션
한식 요리의 대부분을 마무리하는 재료로 풋고추, 홍고추,
쪽파를 충분히 활용해요. 맛, 영양적인 면뿐만 아니라
식탁에 올렸을 때 좀 더 맛깔나게 보이는 역할을 해요.

15 조리 시간을 줄일 수 있는 팁
레시피의 전체 과정에서 밑국물을 내거나 양념에 재우는 게
있으면 먼저 준비하고 그 사이에 나머지 재료를 손질하면 시간을
단축할 수 있어요. 냉동 식재료는 조리 전에 상온 혹은 냉장실로
옮겨 둬요. 채소 → 고기 → 해산물의 순으로 도마를 사용하면
중간에 도마를 씻지 않고 사용할 수 있어 시간도 절약되고
편리해요. 채소는 물기가 적거나, 색이 연하거나, 냄새가 안배는
순서로 썰고 씨가 떨어지는 고추 등은 가장 나중에 썰어요.

▎조리 도구에 있어서

01 무쇠팬 & 스테인리스팬 사용하기

무쇠팬이나 스테인리스팬은 열전도율과 보존율이
높아서 예열만 충분히 하면 이후에는 화력이
약해도 높은 화력으로 요리하는 효과를 낼 수 있는
경제적이고 똑똑한 아이템이에요. 예열은 중간 불에서
3분 정도(코팅 무쇠팬은 마른팬 예열 절대 금지) 하고
재료를 넣을 때 일시적으로 팬의 온도가 떨어지기 때문에
불을 살짝 올렸다가 1~2분 안에 중간 불 이하로 내려요.
예열된 팬을 중간 불 이상에서 계속 사용하면 겉만 금방
타버리는 경우가 발생합니다.
잔열이 남아 있는 하이라이트의 경우에는 조리 후 팬이나
냄비를 화구에서 바로 빼주세요. 인덕션은 제품 사양에 따라
화력의 강도가 다르니 제품에 맞게 조금씩 조절하세요.

02 프라이팬 예열하기

코팅 프라이팬은 기름을 넣은 후 예열,
스테인리스 프라이팬은 예열 후 기름을 넣어요.

코팅팬의 경우 기름 없이 가열하면 팬만 심하게 뜨거워져
코팅팬의 안 좋은 성분이 나오거나 고열로 코팅이 쉽게 깨져 벗겨지기
때문에 기름을 넣고 1분 정도 예열한 후 바로 사용하는 게 좋아요.

스테인리스팬이나 시즈닝이 안된 무쇠팬의 경우
그 자체를 오래 가열해도 코팅팬처럼 안 좋은 성분이 나오거나 코팅이
깨지는 경우는 좀처럼 없습니다. 다만 일반 코팅팬 보다 예열 시간이
오래 걸리는데 처음부터 기름을 넣고 예열하면 기름이 너무 뜨거워져서
타거나 식재료를 넣었을 때 바로 탈 수 있어요. 때문에 어느 정도 팬을
예열한 후 기름을 넣어야 조리할 수 있는 적정한 온도가 돼요.

스테인리스팬의 경우 중간 불에서 3분 예열 → 기름을 두르고 1분 추가
예열 → 식재료를 넣으면 들러붙지 않고 완벽한 조리가 가능해요.

스켑슐트나 롯지 등의 비코팅 무쇠팬의 경우 중간 불에서 5분 예열 →
기름을 두르고 1분 추가 예열 → 식재료를 넣으면 베스트 타이밍이
됩니다.

알아 두면 요리가 더 쉬워지는 재료 손질법

빠르고 간편하게 완성하는 것도 좋지만 재료를 어떻게 손질하냐에 따라 요리의 질이 달라질 수 있으니
소홀히 할 수 없죠. 양배추 등의 잎채소는 농약이 남아 있으니 번거롭지만 베이킹소다를 푼 물에 담가 깨끗이
씻어 주는 게 중요해요.

달걀 삶기

1 냄비에 달걀이 위아래로 쌓이지 않게
옆으로 펼쳐 넣고 달걀이 잠길 정도로만
물을 채운다.

2 굵은 소금 1작은술, 식초 1작은술을
넣고 중간 불로 천천히 끓인다.
* 삶을 때 식초와 소금을 넣으면
달걀 껍질이 쉽게 까지고 달걀이
깨졌을 때 밖으로 흘러나온 흰자가
바로 응고할 수 있도록 도와줘요.

3 물이 끓기 시작해서 5분 정도 삶으면
반숙, 8분 이상 삶으면 완숙이 된다.
* 달걀을 삶을 때 한 방향으로 저어주면
노른자가 정가운데에 와서 썰었을 때
예뻐요.

4 재빨리 얼음물 혹은 찬물에 담가
5분 이상 충분히 식힌 후
껍질을 깐다.
* 달걀의 평평한 부분을 바닥에 친 후
그 방향대로 달걀을 굴리면 잘 까져요.

아보카도 손질하기

1 아보카도는 칼이 씨에 닿도록
   깊숙이 꽂은 후 360°빙 돌려가며
   칼집을 낸다.

   * 아보카도는 신문이나 키친타월에
   1개씩 싸서 사과와 함께 통풍이
   잘 되는 실온에서 2~3일간 보관하면
   껍질이 짙은 녹갈색으로 변하면서
   맛있게 후숙돼요. 냉장실이나
   통풍이 안 되는 비닐 등에 싸두면
   썩을 수 있어요.

2 비틀어 두 쪽으로 나눈다.

3 씨에 칼날을 꽂아 비틀어 뺀 후
   껍질을 벗긴다.

   * 아보카도는 갈변이 빠르게 되니
   레몬즙을 바로 뿌려두면 좋아요.

1

2

3

단호박 손질하기

1 단호박을 찬물에 담그고 베이킹소다
   1큰술을 뿌려 겉을 박박 문지른 후
   식초 1큰술을 뿌려 보글보글 거품이
   올라올 때 고루 문지른다.

2 물로 헹궈 껍질에 남아 있는 잔여물과
   농약을 말끔히 씻어준 후 전자레인지로
   1~2분간 익힌다.

3 칼로 썰어 속의 씨를 제거한다.

양배추 손질하기

1 양배추는 1장씩 떼어 내 베이킹소다
   1~2큰술을 푼 물에 5분간 담근다.

   * 양배추에는 농약이 많이
   남아 있으므로 깨끗이 세척 후
   사용해요.

2 흐르는 물에 꼼꼼히 씻은 후
   물기를 없앤다.

소면 & 메밀면 삶기

1 냄비에 물 6컵(1.2ℓ)을 끓인다.

2 물이 끓어오르면 소금 1작은술,
   식용유 1작은술, 소면 또는 메밀면
   (2인분 기준)을 넣고 면이 서로
   달라붙지 않게 저어가며 끓인다.

3 거품이 올라오면 찬물 1/2컵(100㎖)을
   붓고 한 번 더 끓어오르면
   1/2컵(100㎖)을 부어 포장지 뒷면
   설명서에 나와있는 시간대로 삶는다.

4 면이 투명하게 익으면 곧바로 찬물에
   담고 여러 번 헹군 후 흐르는 찬물에
   박박 문질러 씻어 전분기를 최대한
   없애고 1인분씩 체에 밭친다.

전복 손질하기

1 전복을 껍질째 조리용 솔로 구석구석
   닦는다.

2 숟가락으로 이용해 내장이 터지지 않게
   조심하면서 껍질에서 살을 떼어낸다.

3 전복의 내장을 칼로 잘라낸다.

4 전복의 입을 자르고 꾹 눌러 밀어내면서
   이빨을 뽑는다.

   * 이빨 부분에 세균이 가장 많다고 해요.
   먹기도 불편하니 완벽하게 제거하는 게
   좋아요.

   * 살아있는 전복을 끓는 물에 껍질째
   10초 정도 살짝 담갔다 빼면 관자 부분을
   쉽게 떼어낼 수 있어요.

   * 전복죽이나 전복미역국에 내장을
   사용하려면 따로 냉동 보관하세요.

1

2

3

4

계량법부터 양념 브랜드까지 쿠킹 가이드

▌계량도구로 계량하기

1컵 = 200㎖

1작은술 = 5㎖

1큰술 = 15㎖

1큰술(15㎖)
= 1/2큰술 × 2
= 1작은술 × 3
= 밥숟가락 수북이 가득

1컵(200㎖)
= 종이컵 가득

[다진 채소 양 체크하기] 다진 채소 1큰술을 만들기 위해 원재료가 얼마나 필요한지 알아두면 요리할 때 편해요.

대파 5cm(흰 부분, 10g)
= 다진 파 1큰술

마늘 2쪽(10g)
= 다진 마늘 1큰술

생강 2톨(마늘 크기 기준, 10g)
= 다진 생강 1큰술

양파 1/20개(10g)
= 다진 양파 1큰술

▌불 세기 맞추기

가스레인지를 기준으로 불꽃과 냄비(팬) 바닥 사이의 간격을
기준으로 조절해요. 단, 집집마다 종류나 화력이 다를 수 있으니
상태를 보며 조절하세요.

불꽃과 냄비(팬) 사이의
간격이 중요해요.

센 불 불꽃이 냄비 바닥까지 충분히 닿는 정도
중간 불 불꽃과 냄비 바닥 사이에 0.5cm 가량의 틈이 있는 정도
중약 불 약한 불과 중간 불의 사이
약한 불 불꽃과 냄비 바닥 사이에 1cm 가량의 틈이 있는 정도

▌인분수 조절하기

재료 원하는 분량에 비례하여 양을 줄이거나, 늘리세요.

양념 원하는 분량에 비례하여 양념, 물의 양을 조절하면
싱겁거나 짤 수 있어요. 조리도구에 묻는 양념 양이나
불 조리시 증발되는 수분량이 거의 비슷하기 때문이에요.

반으로 줄일 때는 양념을 반으로 줄인 것보다
조금 더 넣어야 싱겁지 않고 간이 맞아요.
늘릴 때는 양념을 늘린 것보다 조금 덜 넣어야 짜지 않고
간이 맞아요. 단, 양념 종류에 따라 차이가 있으니 반드시
맛을 보며 조절하세요.

불 세기와 조리시간 분량이 줄거나 늘어도 불 세기는 동일해요.
조리시간은 분량에 따라 줄이거나 늘려야 해요.
단, 비례하여 줄이거나 늘리면 요리에 실패할 수 있으니,
조리되는 상태를 보며 조절하세요.

이 책에 사용한 양념 리스트 & 브랜드

□ 참치액(서림식품 진참치액, 참참치액)

□ 다시팩(서림식품 진다시팩)

□ 양조간장(샘표 501, 신앙촌 양조생명물간장)

□ 국간장(집간장, 영산식품 재래식 전통간장)

□ 고추장, 된장(서림식품 진된장, 진고추장)

□ 쌈장(청정원)

□ 소금(신안섬 보배 꽃소금, 구운소금)

□ 설탕(백설 황설탕, 헤세드 팜슈가)

□ 올리고당(백설 프락토 올리고당)

□ 물엿(오뚜기 옛날물엿)

□ 맛술(오뚜기 미향, 이마트 미술)

□ 동결건조생강(산마을 다진생강)

□ 식초(사과식초, 양조식초)

□ 청주(청하, 백화수복)

□ 토마토케첩(하인즈, 오뚜기)

□ 마요네즈(하인즈, 오뚜기)

□ 통깨(국산)

□ 참기름, 들기름(직접 짜서 사용, 내안애 참기름)

□ 올리브유(브루노 유기농 올리브유)

□ 발사믹식초(빌라모데나 플래티넘 라벨)

□ 통후추(헤세드 캄보디아 통후추)

□ 후춧가루(오뚜기)

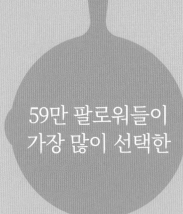

인스타그램
최고 인기 메뉴
10

더쉬운찬 인스타그램
팔로워들이 가장 많이 선택한
초간단, 맛보장 메뉴를 소개합니다.

팽이버섯 쪽파전

저렴할 때 많이 사두는 팽이버섯으로
재래시장 맛집 부럽지 않은 전을 부칠 수 있어요.
바삭하면서도 쫀득한 식감은 감자전분이 포인트.

- 팽이버섯 1/2봉(150g)
- 쪽파 6~7줄기(48~56g)
- 홍고추 1개
- 달걀 2개
- 참치액 1큰술
- 감자전분 3큰술
- 새우살 8개(160g)
- 포도씨유 6큰술

더 맛있게 T.I.P.

* 반죽은 중약 불에 기름을 넉넉히
둘러 은근하게 지져내고
딱 한번만 뒤집어야 겉은 타지
않으면서 속까지 은근하게 익어
맛과 모양이 좋아요.

* 가루는 재료가 엉길 수 있는
정도로만 적게 넣어야 채소의 맛과
향이 제대로 살아요.

[준비하기]

① 팽이버섯은 밑동을 제거하고 1.5~2cm 길이로 썬다.
② 쪽파와 홍고추는 송송 썬다.
③ 볼에 달걀, 참치액을 넣어 섞는다.

[완성하기]

④ ③에 팽이버섯, 쪽파를 섞고 감자전분으로
반죽 농도를 맞춘다. 달군 팬에
포도씨유(3큰술)를 두르고 반죽을
1/8분량씩 올린 후 새우살, 홍고추를 올린다.

⑤ 중약 불에서 한 면에 1분 30초~2분씩
앞뒤로 노릇하게 익힌다.

볼케이노 김치볶음밥

2인분 / 20분

- 밥 1과 1/2공기(300g)
- 잘 익은 김치 1컵(150g)
- 저염스팸 1/3캔
  (또는 베이컨 3줄, 70g)
- 달걀 3개
- 슈레드 피자치즈 1컵(100g)
- 대파 20cm
- 고춧가루 1~2큰술
- 참치액 1큰술(또는 양조간장)
- 포도씨유 2큰술
- 송송 썬 쪽파 약간(생략 가능)
- 참기름 1큰술

[준비하기]

① 김치, 스팸은 사방 0.5cm 크기로 썬다.
② 대파는 송송 썬다.
③ 볼에 달걀, 피자치즈를 넣고 섞는다.

[완성하기]

④
팬에 포도씨유를 두르고 대파를 넣어
약한 불에서 1분간 파기름을 낸 후
김치, 스팸을 넣고 김치가 투명하게
익을 때까지 충분히 볶는다.

⑤
고춧가루를 넣고 30초간 볶아 한쪽으로
밀어 두고 팬의 바닥에 참치액을 넣어
중간 불에서 10~20초간 바글바글 끓인다.
나머지 재료에 간이 고루 배게 섞은 후
밥을 넣고 약한 불에서 1~2분간 볶는다.

⑥
가운데로 모아가며 동그랗게 모양을
만들고 둘레에 ③을 붓는다.
뚜껑을 덮고 최대한 약한 불에서 5분 정도
익힌 후 쪽파, 참기름을 두른다.

김치볶음밥에 달걀과 피자치즈를 듬뿍 넣으면 맛은 물론 비주얼까지 업그레이드됩니다.
매운 음식을 잘 못 먹는 아이들이라면 고춧가루는 빼고 조리하세요.

더 맛있게 T.I.P.
* 김치의 신맛이 너무 강하다면 설탕을 살짝 넣어보세요. 맛이 한결 부드러워져요.
* 볼케이노 볶음밥은 가운데가 봉긋하고 치즈가 고루 퍼지는 게 포인트. 지름 24cm 정도의 팬에 만들면 모양이 예쁘게 잡혀요.
* 김치볶음밥은 햄 : 김치 : 밥 = 1 : 2 : 4의 비율로 만들면 완벽해요. 햄을 더 넣어도 되지만 햄의 염도로 볶음밥이 짤 수 있어요.

대파 마늘 달걀볶음밥

1~2인분 / 15~20분

- 밥 1과 1/4공기(250g)
- 소시지 2개(또는 베이컨이나 햄, 80g)
- 피망 1/2개(50g)
- 달걀 3개
- 대파 20cm
- 마늘 4쪽(20g)
- 참치액 1큰술
- 소금 약간
- 포도씨유 2큰술 + 1과 1/2큰술

[준비하기]

① 소시지와 대파는 0.3cm 두께로 송송 썬다.
② 피망은 잘게 다지고 마늘은 편 썬다.
③ 볼에 달걀을 가볍게 푼다.

[완성하기]

④ 달군 팬에 포도씨유(2큰술)를 두르고 대파를 넣어 약한 불에서 1분간 파기름을 낸 후 ③을 넣어 센 불에서 빠르게 저어가며 달걀을 살짝 덜 익힌다. 그릇에 덜어둔다.

⑤ 팬을 다시 달궈 포도씨유(1과 1/2큰술)를 두르고 마늘을 넣어 약한 불에서 1분간 마늘 기름을 낸 후 소시지, 피망을 넣어 센 불에 3~4분간 볶는다.

⑥ 참치액, 소금으로 간을 하고 밥, ④를 넣어 함께 볶는다.

대파와 마늘을 향긋하게 충분히 볶고 부드럽게 익힌 달걀을 가볍게 섞으면
한 끗 다른 볶음밥이 완성됩니다. 온가족이 뚝딱할 수 있는 최고의 한 그릇 메뉴예요.

더 맛있게 T.I.P.
* 볶음밥은 밥 이외의 재료를 충분히 익혀 간을 한 후 마지막에 밥을 넣어 섞어만 준다는 느낌으로 살짝 볶아요.
* 식은 밥, 또는 즉석밥을 데우지 않고 넣으면 밥알이 고슬고슬하게 살아 있어 더 맛있어요.

어묵조림 꼬마김밥

2~3인분 / 30~35분

- 따뜻한 밥 2공기(400g)
- 사각어묵 2장(120g)
- 깻잎 8장
- 달걀 2개
- 꼬들 단무지 100g
- 김밥용 김 4장
- 다진 마늘 1/2큰술
- 참기름 1/2큰술
- 통깨 약간
- 포도씨유 약간

어묵 양념
- 양조간장 1큰술
- 참치액 1/2큰술
- 맛술 1/2큰술
- 설탕 1/2큰술
- 물 1과1/2큰술

밥 양념
- 소금 1/3작은술
- 참기름 1큰술
- 통깨 1큰술

[준비하기]

① 어묵은 0.5cm 두께로 길게 썬다.
② 깻잎은 꼭지를 제거하고 세로로 2등분한다.
③ 볼에 달걀을 푼다. 다른 볼에 어묵 양념 재료를 섞는다.
④ 밥에 밥 양념 재료를 섞는다.

[완성하기]

⑤ 달군 팬에 포도씨유를 살짝 두르고 ③의 달걀물을 더해가면서 약한 불에서 3~5분간 도톰하게 익힌다. 한 김 식혀 약 0.7cm 두께로 어묵 길이에 맞춰 썬다.

⑥ 팬에 포도씨유를 살짝 두르고 다진 마늘을 넣어 약한 불에서 1분간 볶아 마늘 향을 낸 후 어묵을 넣고 2~3분간 볶는다. ③의 어묵 양념을 넣고 중간 불에서 3~5분간 졸인 후 참기름, 통깨를 섞는다.

⑦ 1/4 크기로 자른 김밥용 김의 끝부분 1cm를 남기고 밥 1큰술을 얇고 고르게 편 후 깻잎 1/2장, 어묵 2~3개, 달걀 1개, 꼬들 단무지 3~4개 정도를 올려 만다. 나머지도 같은 방법으로 만든다.

언제 말아 먹어도 맛있는 김밥. 물기가 적고 쫄깃한 꼬들 단무지로
씹는 식감을 더하고 향긋한 깻잎으로 김의 비린 향을 잡았어요.

더 맛있게 T.I.P.

* 꼬마김밥을 쌀 때 밥은 최대한 얇게 펼치고 김에 비해 전체 재료가 적은 듯한 느낌으로 넣어야 터지지 않아요.
* 김 끝부분에 물을 묻히지 않아도 아래로 향하게 해서 그대로 몇 분간 쌓아두면 재료의 수분감과 열기로 잘 붙어요.

콩나물 김치 해장국밥

2인분 / 15분 + 밑국물 만들기 15~20분

- 밥 2공기(400g)
- 콩나물 2줌(100g)
- 잘 익은 김치 1과 1/4컵(200g)
- 대파 15cm
- 청양고추 1~2개(생략 가능)
- 밑국물 5컵(1ℓ)
  * 만들기 9쪽
- 참치액 1과1/2큰술
  (또는 멸치액젓이나 까나리액젓 1큰술)
- 고춧가루 1/2큰술
- 다진 마늘 2/3큰술
- 국간장 1과 1/2큰술(기호에 따라 가감)

[준비하기]

① 손질한 콩나물은 체에 밭쳐 물기를 없앤다.
② 양념을 털어낸 김치는 송송 썬다.
③ 대파, 청양고추는 송송 썬다.

[완성하기]

④ 밑국물에 김치를 넣고 센 불에 올려
끓어오르면 중간 불로 줄여
뚜껑을 닫고 6~7분간 팔팔 끓인다.

⑤ 콩나물, 고춧가루, 다진 마늘, 참치액을
넣어 중간 불에서 뚜껑을 닫고 5~6분간
콩나물이 익을 때까지 끓인다.

⑥ 국간장으로 간을 맞추고
밥, 대파, 청양고추를 넣어 1분간 끓인다.

간단하지만 뜨끈하고 시원한 맛이 일품인 국밥입니다.
입맛 없는 아침, 또는 전날 술 많이 마신
남편을 위한 해장국으로도 추천합니다.

폭탄 달걀찜

2~3인분 / 20분

- 달걀 6개
- 물 약 1/3컵(70㎖)
- 참치액 1작은술
- 새우젓 건더기 1작은술
  (염도에 따라 가감)
- 쪽파 2줄기
  (또는 다진 대파 1과 1/2큰술, 16g)
- 설탕 약간
- 다진 홍고추 약간(생략 가능)
- 참기름 1큰술
- 통깨 1큰술

[준비하기]

① 볼에 달걀, 설탕을 넣고 골고루 휘저어 거품이 많이 나도록
   충분히 풀어준 후 체에 내린다.

② 쪽파는 송송 썬다.

[완성하기]

③ 지름 14cm 뚝배기에 물, 참치액, 새우젓을 넣어 센 불에 팔팔 끓인다. 물이 끓어오르면 중간 불로 줄인다.

④ ①을 천천히 부으면서 달걀이 몽글몽글해지고 80% 이상 하얗게 익을 때까지 젓가락으로 계속 젓는다.

⑤ 최대한 약한 불로 줄이고 뚜껑을 덮은 후 5분 정도 익힌다. 쪽파, 다진 홍고추, 참기름, 통깨를 뿌린다.

쉬운 듯 어려운 메뉴가 바로 달걀찜이죠.
달걀의 양과 뚝배기 비율만
정확하게 맞추면 누구나 제대로 부푼
달걀찜을 만들 수 있어요.

더 맛있게 T.I.P.
* 달걀을 체에 내리면 찜이 더 부드러워져요.
* 뚜껑이 없으면 봉긋하게 만든 쿠킹포일이나
  뚝배기 크기에 맞는 국그릇 등을 사용하세요.
* 물과 달걀의 부피가 뚝배기의 80% 이상이어야
  보기 좋은 폭탄 달걀찜이 돼요.
* 물과 달걀의 비율을 물 : 달걀 = 1 : 2.5
  (물 1컵(200㎖) : 달걀 8개)정도로 하면 부드러운 달걀찜이 돼요.
* 미리 만들어 두거나 부풀어 오르기 전에 뚜껑을 열면
  봉긋한 달걀이 순식간에 꺼져요. 먹기 직전에 만드는 게 좋아요.

대왕 달걀말이

2~3인분 / 15~20분

- 저염스팸 1/3캔(70g)
- 당근 1/5개(40g)
- 달걀 5개
- 쪽파 4~5줄기(32~40g)
- 참치액 2/3큰술
  (또는 소금 1/3작은술)
- 포도씨유 1큰술

[준비하기]

① 햄과 당근은 최대한 곱게 다진다.
② 쪽파는 송송 썬다.
③ 볼에 달걀, 참치액을 넣어 섞는다.

[완성하기]

④
③에 햄, 당근, 쪽파를 넣어 섞는다.

⑤
팬에 포도씨유를 두르고 약한 불에서
④를 조금 붓는다.

⑥
어느 정도 익으면 돌돌 말고 나머지
④를 나눠 부으면서 5~7분간 익힌다.

달걀말이는 아이들에게 다양한 채소를 큰 거부감 없이 먹이기 쉬운 반찬 중 하나인데요.
채소를 잘게 다지면 아이들도 먹기 쉽고 말 때 덜 부서져요.

더 맛있게 T.I.P.

＊ 팬의 크기에 따라 달걀물을 나눠 넣으면서 여러 번 돌돌 말아야 예쁜 모양이 돼요.

＊ 달걀을 조금씩 말아주면서 나머지 면에 조금씩 추가하세요.

＊ 약한 불에서 은은하게 익혀가며 뒤집어야 노란색이 고르고 예쁘게 나요.

＊ 팬 잔열에 속까지 완벽하게 익히고 한김 식힌 후 썰어야 부서지지 않아요.

삼겹 두부 김치찜

2~3인분 / 30~35분 + 밑국물 만들기 15~20분

- 삼겹살 400g
- 잘 익은 김치 2컵(300g)
- 두부 1모(300g)
- 대파 20cm 2대
- 밑국물 3컵(600㎖)
  * 만들기 9쪽
- 김칫국물 1컵(200㎖)
- 참치액 1큰술
- 고춧가루 1큰술
- 황설탕 2/3큰술
  (또는 동량의 설탕이나 매실액 1큰술)
- 다진 마늘 1큰술
- 후춧가루 약간

[준비하기]

1 김치는 양념을 털어내고 심 부분을 자른다.
2 대파는 4~5cm 길이로 썬다.
3 두부는 납작하게 썬다.

[완성하기]

4 삼겹살 → 김치 1~2장 → 삼겹살 → 김치 1~2장 순으로 쌓아 4~5cm 두께로 썬다.

5 전골냄비에 ④의 자른 단면이 보이게 동그랗게 담고 사이사이에 대파를 끼운 후 가운데 두부를 올리고 밑국물을 붓는다. 뚜껑을 덮고 센 불에서 끓인다.

6 끓어오르면 중간 불로 줄여 20분 이상 뭉근하게 끓인다. 김치가 투명해질 정도로 익으면 김칫국물, 고춧가루, 참치액, 다진 마늘을 넣고 5분 정도 더 끓인다.

신김치와 두툼한 삼겹살을 아낌없이 넣어 뭉근하게 끓인 실패 없는 레시피를 소개해요.
김칫국물과 참치액으로 얼큰하고도 시원한 맛을 완벽하게 잡았답니다.

더 맛있게 T.I.P.

* 취향에 따라 설탕을 살짝 더하거나 후춧가루를 뿌려도 좋아요.
* 국물이 다른 찜보다 조금 넉넉한 편이라서 찌개처럼, 국처럼 먹을 수 있어요.

얼큰 탄탄라면

1인분 / 10~15분

- 라면 1봉지(매운맛라면)
- 다진 돼지고기 100g
- 대파 흰 부분 15cm, 푸른 부분 15cm
- 다진 마늘 1큰술
- 물 3컵(600㎖)
- 땅콩버터 2큰술
- 고춧가루 1큰술
- 포도씨유 1과 1/2큰술

[준비하기]

① 대파는 흰 부분과 푸른 부분으로 나눠 송송 썬다.

[완성하기]

② 냄비에 포도씨유를 두르고 대파 흰 부분을 넣어 약한 불에서 1분간 볶아 파기름을 낸다.

③ 다진 돼지고기, 다진 마늘을 넣어 핏기가 없어질 때까지 2~3분간 볶은 후 물, 라면수프를 넣어 센 불에서 끓인다.

④ 끓어오르면 땅콩버터를 넣어 풀고 라면, 고춧가루를 넣어 라면포장지에 적힌 시간만큼 익힌다. 대파 푸른 부분을 올린다.

시판 라면과 냉동실에 남아 있는 돼지고기 약간으로
차원이 다른 깊은 국물 맛의 라면을 끓여보세요.
꼭 한 번 도전해 보시길 추천드려요.

더 맛있게 T.I.P.

* 취향에 따라 식초 1큰술, 고수 약간을 추가하면 동남아 스타일의 국물 맛을 낼 수 있어요.
* 매콤하고 개운한 맛의 라면을 사용하는 것이 좋아요.

콘치즈 마요소스 샌드위치

2~3인분 / 15~20분

- 샌드위치용 식빵 4장
- 양파 1/2개(100g)
- 통조림 옥수수 2/3컵(90g)
- 마요네즈 5큰술
- 달걀 3개
- 우유 2큰술
- 슈레드 피자치즈 1컵(100g)
- 버터 4큰술(40g)
- 후춧가루 약간
- 파슬리가루 약간(생략 가능)

[준비하기]

① 양파는 다진다.
② 식빵은 2등분한다.

[완성하기]

③
볼에 ①, 통조림 옥수수, 마요네즈,
후춧가루를 넣어 섞는다.

④
납작한 트레이에 달걀, 우유, 파슬리가루를
섞고 식빵을 넣어 앞뒤로 적신다. 팬에
버터(1큰술)를 녹이고 식빵을 올려 약한
불에서 한쪽 면을 45~50초간 굽는다.

⑤
식빵을 뒤집어 ③의 1/4분량, 피자치즈
1/4분량을 올리고 식빵1장을 덮어 치즈가
녹을 때까지 약한 불에 은근하게 굽는다.
나머지도 같은 방법으로 굽는다.

부드러운 식빵에 톡톡 터지는 옥수수와 피자치즈가 어우러져
짭짤하면서도 고소해요. 브런치나 간식으로 추천하는 메뉴입니다.

더 맛있게 T.I.P.

* 마지막에 설탕을 뿌려 구우면 더 달콤하고 바삭해요.

아이들 방학이
두렵지 않은

방학 특집
전투 식량

한창 잘 먹는 아이들의 방학.
뭘 해 줘야 하나 고민되시죠?
간단하지만 영양 가득한 레시피만
모았습니다.

토핑 듬뿍 달걀빵

집에서 아이들과 함께 만들 수 있는
간단한 영양 간식이에요. 팬케이크가루에 달걀 하나를
통째로 넣고 토핑도 맘껏 올려 보세요.

- 슬라이스햄 2장(30g)
- 양파 1/8개(25g)
- 콜비잭치즈 6큰술
  (또는 체다치즈 + 피자치즈)
- 달걀 1개 + 4개
- 우유 1/2컵(100㎖)
- 시판 팬케이크가루 1컵(100g)
- 버터 1큰술(또는 포도씨유)
- 소금 약간
- 후춧가루 약간
- 파슬리가루 약간
  (또는 송송 썬 쪽파, 생략 가능)

더 맛있게 T.I.P.

* 달걀노른자는 이쑤시개로 찔러 터뜨려야
  구울 때 터지지 않아요.
* 구울 때 부풀어 넘칠 수 있으니
  종이컵 높이의 1/3 정도까지만
  반죽을 넣어요.
* 달걀과 나머지 토핑에 간을 각각 따로
  해야 전체적으로 골고루 간이 배어요.
* 달걀빵에 이쑤시개를 속까지
  찔렀다 꺼냈을 때 반죽이 묻어 나오지
  않으면 다 익은 거예요.
* 150℃로 예열한 에어프라이어(작은
  사이즈)에서 15분 이상 구워도 돼요.

[준비하기]

① 슬라이스햄, 양파, 콜비잭치즈는 잘게 다진다.
② 볼에 달걀(1개), 우유를 넣어 섞은 후 팬케이크가루를 넣어
  가루기가 없어질 때까지 섞는다.

[완성하기]

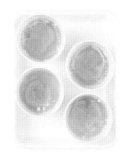

③
종이컵 바닥에 녹인 버터(또는 포도씨유)를
바르고 ②를 1/3 높이까지 채운 후
달걀을 1개씩 올린다. 이쑤시개로 노른자를
터뜨리고 소금으로 간을 한다.

④
햄, 양파(1큰술), 치즈(1과 1/2큰술)를
올리고 소금, 후춧가루, 파슬리가루를 부려
전자레인지에서 2분 30초 정도 익힌다.

감자전 베이컨피자

1~2인분 / 20분 + 감자 절이기 10분

- 양파 1/4개(50g)
- 베이컨 2줄(40g)
- 감자 1과 1/4개(250g)
- 슈레드 피자치즈 3/4컵(약 75g)
- 감자전분 3큰술
  (또는 부침가루나 튀김가루)
- 슬라이스 블랙올리브 2큰술
- 통조림 옥수수 3~4큰술
- 시판 토마토소스 4큰술
- 소금 1/2작은술 + 약간
- 후춧가루 약간
- 올리브유 1큰술
- 포도씨유 1큰술

[준비하기]

① 양파는 얇게 채 썬다.
② 베이컨은 1cm 두께로 채 썬다.
③ 얇게 채 썬 감자에 소금(1/2작은술)을 넣고 10분간 절인 후
   물기를 꼭 짜고 감자전분을 섞는다.

[완성하기]

④
달군 팬에 올리브유를 두르고
양파, 베이컨, 소금(약간), 후춧가루를 넣어
중간 불에서 2~3분간 볶은 후
그릇에 덜어둔다.

⑤
다시 팬에 포도씨유를 두르고 ③을 넓게
편다. 중약 불에서 뚜껑을 덮고
아래쪽이 노릇한 색이 날 때까지 4~5분간
구운 후 뒤집는다.

⑥
⑤ 위에 토마토소스를 바르고
④, 통조림 옥수수, 올리브, 피자치즈를
올린다. 뚜껑을 덮고 약한 불에서
치즈가 녹을 때까지 굽는다.

낮에는 아이들 간식으로, 저녁에는 어른들 술안주로 제격이랍니다.
빵 반죽보다 영양가도 높고 바삭 쫀득한 감자 맛이 일품이에요.

더 맛있게 T.I.P.
* 기호에 따라 버섯, 피망 등 다른 토핑을 추가해도 돼요.

꿀간장 두부강정

1~2인분 / 20분 + 두부 밑간하기 10분

- 두부 1모 300g(부침용)
- 감자전분 3~4큰술
- 견과류 약간
- 소금 1/3작은술
- 식용유 6큰술

소스
- 양조간장 1과 1/2큰술
- 꿀 3큰술
- 맛술 1큰술
- 물 3큰술

[준비하기]

① 두부를 약간 큼직하게 4등분으로 깍둑 썬 후 소금을 뿌려 10분간 밑간하고 키친타월로 감싸 물기를 충분히 제거한다.

② 볼에 소스 재료를 섞는다.

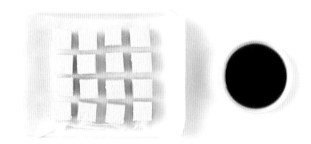

[완성하기]

③ ①에 감자전분을 골고루 묻힌다.

④ 달군 팬에 식용유를 넣어 중약 불에서 8~10분간 튀기듯이 노릇하게 구운 후 두부를 덜어두고 기름을 따라낸다.

⑤ ②의 소스를 넣어 중간 불에서 바글바글 끓으면 두부를 넣고 약한 불에서 2~3분간 조린다. 그릇에 담고 견과류를 뿌린다.

고단백 영양식 두부를 닭강정과 비슷한 느낌이 나게 튀겨 보세요.
두부를 싫어하는 아이들도 달콤 짭조름한 소스 맛에 이끌려 무한대로 먹게 됩니다.

더 맛있게 T.I.P.

* 비닐봉지에 전분과 두부를 넣고 두부가 부서지지 않게 살살 흔들어 전분을 묻히면 편해요.
* 팬에 올려 구울 때 전분때문에 두부끼리 달라붙지 않도록 조금씩 간격을 띄워 구워요.

버섯불고기 떡볶이

2인분 / 20분

- 떡볶이떡 200g
- 양파 1/4개(50g)
- 표고버섯 2개(50g)
- 당근 1/4개(30g)
- 쇠고기(불고기 또는 샤브샤브용) 150g
- 대파 20cm
- 물 1/2컵(100㎖)
- 포도씨유 1큰술
- 다진 마늘 1/2큰술
- 소금 약간
- 후춧가루 약간
- 참기름 1큰술
- 통깨 약간

마더소스(약 3컵, 6~7회 분량)
- 양파 1/2개(100g)
- 배 1/2개(250g)
- 대파 흰 부분 1대(25g)
- 마늘 15쪽
- 양조간장 3/4컵(150㎖)
- 참치액 1/4컵(50㎖)
- 황설탕 1/2컵(또는 설탕)
- 물 1컵(200㎖)

[준비하기]

① 떡볶이떡은 끓는 물(3컵)에 1분간 삶아 체에 밭쳐 물기를 없앤다.
② 양파, 표고버섯은 얇게 채 썬다.
③ 당근은 길이대로 납작하게 썰고 대파는 어슷 썬다.
④ 쇠고기는 키친타월로 꾹꾹 눌러 핏물을 제거하고 먹기 좋은 크기로 썬다.

[완성하기]

⑤ 믹서에 마더소스 재료의 양파, 배, 대파를 적당한 크기로 썰어 넣고 나머지 재료를 넣은 후 곱게 간다.

⑥ 팬에 포도씨유를 두르고 다진 마늘을 넣어 약한 불에 1~2분간 볶은 후 ④의 쇠고기, 소금, 후춧가루를 넣고 중간 불에서 2분간 볶는다.

⑦ 양파, 버섯, 당근, 대파를 넣고 중간 불에서 2분간 볶은 후 ①, ⑤의 마더소스(1/2컵), 물(1/2컵)을 넣고 약한 불에서 3~5분 정도 졸인다. 참기름, 통깨를 뿌린다.

떡볶이의 맛을 책임지는 마더소스는
불고기, 덮밥, 잡채, 닭강정 등 다양한 음식에 무궁무진한 활용이 가능해
방학 내내 아이들 식사며 각종 간식을 손쉽게 만들 수 있어요.

더 맛있게 T.I.P.

＊ 마더소스와 물은 1:1 비율로 넣되 전체 재료와 간을 봐가면서 양을 조절하세요. 남은 마더소스는 냉장실에 7일 정도,
　또는 비닐팩에 얇게 펼쳐 냉동 보관도 가능해요. 불고기, 잡채, 덮밥 등 다양한 요리에 사용할 수 있어요.
＊ 떡이 말랑거린다면 데치는 과정은 생략하세요.

새콤달콤 깐풍만두

2인분 / 20~25분

- 만두 350g(8~13개)
- 양파 1/4개(50g)
- 피망 1/3개(30g)
- 파프리카 1/7개(30g)
- 양상추 100g
- 청양고추 1개
- 식용유 1/2컵(튀김용, 100㎖) + 1큰술

소스
- 양조간장 1큰술
- 설탕 1큰술
- 굴소스 1큰술
- 맛술 1큰술
- 식초 1과 1/2큰술
- 물 3큰술
- 레몬즙 1큰술(1/4개분)
- 감자전분 1과1/2작은술
- 청양고추 2개
- 다진 마늘 1/2큰술
- 후춧가루 약간

[준비하기]

① 양파, 피망, 파프리카는 사방 0.5cm 크기로 썬다.
② 청양고추는 작게 송송 썬다.
③ 양상추는 먹기 좋은 크기로 뜯는다.
④ 볼에 소스 재료를 섞는다.

[완성하기]

⑤

팬에 식용유(1/2컵)를 두르고
만두를 넣어 중간 불에서 7~8분간
튀기듯이 바삭하게 구워 덜어둔다.
기름은 따라낸다.

⑥

팬에 식용유(1큰술)를 두르고
①, ②를 넣어 센 불에서 1분간 볶는다.

⑦

④를 넣고 저어가며 2~3분간 끓인다.
그릇에 양상추를 깔고 ⑤의 만두를 올린 후
소스를 끼얹는다.

44

냉동실에 잠들어 있는 시판 만두를 활용해서 간단하지만 그럴싸한 요리처럼
보일 수 있는 메뉴예요. 만두에 새콤한 깐풍기 스타일의 소스와 채소를 듬뿍 넣어
볶아내면 술안주로도 근사한 메뉴로 변신됩니다.

더 맛있게 T.I.P.

* 어린이용 소스는 청양고추는 빼도 좋아요.
* 레몬즙을 넣으면 새콤한 향이 배가되어 더 맛있어요.
* 만두 겉면에 기름을 발라 에어프라이어에 구워도 돼요.
* 구운 만두에 소스 2/3 정도만 먼저 붓고 버무린 후 나머지는 맛을 봐가면서 조절하세요.

소시지 달걀말이 김밥

2인분(2줄) / 20분

- 따뜻한 밥 2공기(400g)
- 달걀 4개
- 소시지 2개(130g)
- 김밥용 김 2장
- 맛술 1큰술
- 소금 1/3작은술
- 참기름 약간
- 통깨 약간

밥 양념
- 참치액 1큰술(또는 소금 1/3작은술)
- 참기름 1/2큰술
- 통깨 약간

[준비하기]

① 볼에 달걀, 맛술, 소금을 넣어 푼다.
② 소시지는 끓는 물(2컵)에 살짝 데친다.
③ 밥에 밥 양념 재료를 넣어 섞는다.

[완성하기]

④
달걀말이용 사각팬에 달걀 1/2분량을 붓고 소시지 1개를 한쪽에 올린 후 약한 불에서 달걀이 몽글몽글하게 익으면 돌돌 만다.
나머지도 같은 방법으로 만든다.

⑤
김의 끝부분 1.5~2cm 정도를 남기고 밥을 얇게 편 후 ④를 올려 만다.
겉면에 참기름을 살짝 바르고 통깨를 뿌린다. 나머지도 같은 방법으로 만든다.

아이들이 좋아하는 소시지를 통째로 넣어 만든 김밥이에요.
채소의 아삭한 맛은 없지만 방학 특식으로 만들어주면 인기 만점이랍니다.

더 맛있게 T.I.P.

* 달걀이 몽글몽글하게 거의 익었을 때 소시지를 조금씩 돌돌 말면 달걀과 소시지가 분리되지 않아요.
* 밥 양념에 참기름을 너무 많으면 김밥이 잘 풀려요. 밥에는 참기름을 조금만 넣고 완성된 김밥에 참기름을 발라 향을 더하세요.

노량진 스타일 컵밥

2인분 / 25~30분

- 따뜻한 밥 2공기(400g)
- 비엔나 소시지 12개(100g)
- 달걀 2개
- 미니 새송이버섯 6~10개(60g)
- 대패삼겹살 4줄(80g)
- 통조림 옥수수 약 1/2컵(60g)
- 마요네즈 1큰술
- 버터 1큰술(10g)
- 참기름 약간
- 소금 1/4작은술

양념
- 양조간장 1큰술
- 황설탕 1큰술(또는 설탕)
- 맛술 1큰술
- 고추장 1과 1/2큰술

[준비하기]

① 미니 새송이버섯은 편으로 납작하게 썬다.
② 소시지는 사선으로 칼집을 넣는다.
③ 볼에 양념 재료를 섞는다.

[완성하기]

④ 달군 팬에 버터를 넣고 소시지, 달걀을 올려 중간 불에서 구운 후 그릇에 덜어둔다.

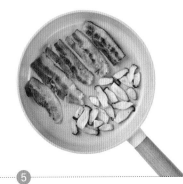

⑤ 팬을 키친타월로 닦고 다시 달궈 버섯, 대패삼겹살을 올려 구운 후 삼겹살은 소금간을 살짝 하고 한입 크기로 썬다. 버섯은 참기름을 살짝 두른다.

⑥ 깊은 볼이나 컵밥용 컵에 밥을 담고 ③의 1/2분량을 뿌린다.
④, ⑤, 참기름, 통깨, 통조림 옥수수, 마요네즈를 올린다.

만 칼로리 열량이 필요할 때, 맛이 없을 수 없는 조합으로 한 그릇 가득 담아내는 컵밥이에요.
큰 팬이나 재료를 나누어 조리할 수 있는 4구팬을 이용해서 모든 재료를 한꺼번에 조리하면 편리해요.

칠리 참치덮밥

2~3인분 / 20분

- 따뜻한 밥 2~3공기(400~600g)
- 양파 1/2개(100g)
- 피망 1/4개(25g)
- 파프리카 1/4개(50g)
- 대파 10cm
- 통조림 참치 1캔(135g)
- 달걀 1개
- 물 1/2컵(100㎖)
- 다진 마늘 1/2큰술
- 고춧가루 1큰술
- 포도씨유 1과 1/2큰술
- 참기름 약간
- 통깨 약간

양념
- 참치액 1큰술
- 고추장 1큰술
- 황설탕 1/2큰술(또는 설탕)
- 맛술 1큰술
- 토마토케첩 2큰술

[준비하기]

① 양파, 피망, 파프리카는 한입 크기로 깍뚝썰기한다. 대파는 송송 썬다.
② 통조림 참치는 기름을 완전히 뺀다.
③ 볼에 달걀을 푼다. 다른 볼에 양념 재료를 섞는다.

[완성하기]

④ 달군 팬에 포도씨유, 대파, 고춧가루, 다진 마늘을 넣어 약한 불에서 1분간 고추기름을 낸 후 양파, 피망, 파프리카를 넣고 중간 불에서 1~2분간 볶는다.

⑤ ③의 양념, 물을 부어 중간 불에서 끓어오르면 통조림 참치를 넣고 약한 불에서 3분 정도 끓인다.

⑥ ③의 달걀을 넣고 저어가며 2분간 익힌다. 참기름, 통깨를 뿌리고 밥 위에 올린다.

참치캔과 아삭한 채소 몇 가지를 더해 볶기만 하면 끝나는 초간단 한 그릇 메뉴입니다.
매콤하고 새콤 달콤한 양념 덕분에 밥도둑이 따로 없어요.

더 맛있게 T.I.P.
* 예쁜 색을 내기 위해 피망과 파프리카를 모두 사용했는데 둘 중 하나만 두 배로 넣거나 양파를 조금 더 넣어도 돼요

데리야키 치킨덮밥

3인분 / 25분 + 닭다리살 재우기 10분

- 따뜻한 밥 3공기(600g)
- 닭다리살 4장(400g)
- 양파 3/4개(150g)
- 당근 1/4개(50g)
- 대파 15cm
- 통깨 약간
- 참기름 약간
- 포도씨유 1큰술
- 소금 1/2작은술
- 후춧가루 약간
- 송송 썬 쪽파 1줄기(8g, 생략 가능)

데리야키소스
- 양조간장 1과1/2큰술
- 참치액 1과1/2큰술
  (또는 시판 쯔유)
- 황설탕 1큰술(또는 설탕)
- 맛술 3큰술
- 물 3큰술
- 다진 생강 1/2작은술
  (또는 생강가루 1/3작은술)

[준비하기]

① 닭다리살은 껍질을 제거하고 두꺼운 부분에 칼집을 넣은 후
   소금, 후춧가루를 뿌려 10분간 재운다.
② 양파, 당근은 4~5cm 길이로 얇게 채 썬다. 대파는 얇게 송송 썬다.
③ 볼에 데리야키소스 재료를 섞는다.

[완성하기]

④ 달군 팬에 포도씨유를 두르고
①을 넣어 중간 불에서 10~12분간
앞뒤로 노릇하게 굽는다.

⑤ 키친타월로 기름기를 닦고 ③을 넣어
센 불에서 끓어오르면 약한 불로 줄이고
2~3분간 조린다.

⑥ 닭다리살을 한쪽으로 밀어 놓고 양파,
당근, 대파를 넣고 센 불에서 1분간 살짝
볶는다. 밥 위에 한입 크기로 썬 닭다리살,
쪽파, 참기름, 통깨를 올린다.

중독성 있는 달달하고 짭조름한 소스에 부드러운 닭다리살로 만들어
아이들도, 어른들도 모두 좋아하는 일본 가정식 치킨 덮밥입니다.

더 맛있게 T.I.P.

* 닭다리살의 껍질을 제거하지 않을 경우 껍질 부분에 칼집을 살짝 넣으면 간이 잘 배고 쪼그라들지 않아요.
* 닭다리살을 우유에 재우면 비린내가 제거되고 좀 더 부드러워져요.
* 데리야키소스에 생강은 필수랍니다. 맛과 향이 완전히 달라져요.

달걀 돈가스덮밥

2인분 / 25분

- 따뜻한 밥 2공기(400g)
- 시판 돈가스 2장
- 달걀 2개
- 양파 1개(200g)
- 대파 15cm
- 식용유 1컵(200㎖)
- 후춧가루 약간

소스

- 양조간장 1과 1/2큰술
- 참치액 1과 1/2큰술
- 황설탕 1과 1/2큰술(또는 설탕)
- 맛술 1과 1/2큰술
- 물 1/2컵(100㎖)
- **다진 생강 약간(또는 생강가루)**

[준비하기]

① 양파는 가늘게 채 썬다.
② 대파는 얇게 어슷 썬다.
③ 볼에 달걀을 푼다.

[완성하기]

④

팬에 식용유, 해동한 돈가스를 넣고 앞뒤로 뒤집어가며 중약 불에서 타지 않게 10분 이상 튀긴 후 한입 크기로 썬다.

⑤

작은 팬에 소스 재료를 넣어 중약 불에서 끓으면 양파, 대파, 후춧가루를 넣고 중간 불에서 2~3분간 끓인다.

⑥

③을 넣어 반 정도 익으면 불을 끄고 밥 위에 ④와 함께 올린다.

돈가스는 아이들이 가장 좋아하는 메뉴 중 하나죠.
양파를 듬뿍 넣은 덮밥 소스를 올려 돈가스와 밥을 충분히 적셔 주는 게 맛의 포인트예요.

더 맛있게 T.I.P.

* 간장, 참치액, 맛술, 설탕을 동량으로 섞으면 간단하게 일식 덮밥 소스 맛을 낼 수 있어요.
* 생강은 소스의 풍미와 향을 업그레이드 시키는 중요한 역할을 하기 때문에 꼭 넣는 걸 추천해요.
* 달걀은 반 정도만 익히고 소스와 뒤섞지 않아야 부드러워요.
* 에어프라이어를 사용할 때는 기름을 앞뒤로 2큰술씩 바르고 180℃에서 약 20분간 구워요. 크기에 따라 굽는 시간, 온도는 가감하세요.

큐브 스테이크덮밥

2인분 / 20분 + 쇠고기 재우기 20~30분

- 따뜻한 밥 2공기(400g)
- 쇠고기(스테이크용) 300g
- 양파 1/2개(100g)
- 숙주 3줌(150g)
- 올리브유 1큰술
- 포도씨유 1큰술
- 버터 1큰술(10g)
- 소금 약간
- 송송 썬 쪽파 1/3큰술
  (또는 다진 대파, 5g)

양념
- 양조간장 2큰술
- 황설탕 1큰술(기호에 따라 가감)
- 맛술 1큰술
- 꿀 1큰술
- 다진 마늘 1/2큰술
- 다진 생강 1/3작은술(또는 생강가루)

[준비하기]

① 쇠고기는 키친타월로 꾹꾹 눌러 핏물을 제거하고 한입 크기로 썰어
   소금, 올리브유에 20~30분간 재운다.
② 양파는 얇게 채 썰고 쪽파는 송송 썬다.
③ 손질한 숙주는 체에 밭쳐 물기를 없앤다.
④ 볼에 양념 재료를 섞는다.

[완성하기]

⑤ 뜨겁게 예열한 팬에 쇠고기를 넣고
센 불에서 한 번씩만 뒤집으면서
총 4~5분간 사방을 구운 후 그릇에
덜어 5분 정도 휴지시킨다.

⑥ 팬에 포도씨유를 두르고 센 불에서
숙주, 소금을 넣어 1분~1분 30초 정도
볶은 후 덜어둔다.

⑦ 다시 팬을 달궈 양파, 버터, ④를 넣고
중간 불에서 끓으면 후춧가루를 넣는다.
그릇에 밥을 담고 ⑤, ⑥, 송송 썬 쪽파를
올린다.

줄 서서 먹는 유명 맛집의 스테이크덮밥을
집에서 그대로 만들어 보세요. 짭조름하고 달큰한 양념에
아삭하고 푸짐한 채소, 스테이크용 고기가 만났으니
맛이 없을래야 없을 수 없는 조합이죠.

더 맛있게 T.I.P.
* 고기를 굽는 과정에서 후추가 탈 수 있으니 나중에 뿌리세요.
* 휴지할 때 스테이크에서 나온 육즙을 과정 ⑦에 더하면 풍미가 좋아져요.
* 기호에 따라 와사비를 곁들여도 좋아요.

혼술을
부르는 메뉴

홀짝홀짝 혼자 즐기는 술 한잔이
이렇게 힐링될 줄이야!
딱 어울리는 안주만 골랐습니다.

매콤 문어 감자샐러드

우리집 홈바가 곧 힙플레이스가 되는 간단하지만
맛과 멋이 느껴지는, 안주 겸 손님 초대상에 올려도
손색 없는 샐러드입니다.

- 냉동 자숙문어 200g(또는 자숙새우)
- 감자 1과 1/2개(300g)
- 쪽파 3줄기(24g)
- 슬라이스 블랙올리브 2큰술
- 올리브유 2큰술
- 훈제 파프리카가루 1큰술
  (또는 고춧가루나 이탈리안허브)
- 다진 마늘 1/2큰술
- 소금 1/2작은술
- 후춧가루 약간

더 맛있게 T.I.P.

* 감자를 완전히 익히면 볶을 때
  부서지기 때문에 살짝만 삶아요.

[준비하기]

① 감자는 8등분해 모서리를 둥글게 깎은 후 끓는 물(4컵) + 굵은 소금(1작은술)에 넣어
   중간 불에서 뚜껑을 덮고 5분간 삶고 체에 밭쳐 식힌다.

② 냉동 자숙문어는 끓는 물에 1~2분간 살짝 데쳐 찬물에 바로 넣어 식힌 후
   먹기 좋은 크기로 썬다.

③ 쪽파는 송송 썬다.

[완성하기]

④ 팬에 올리브유, ①, 소금을 넣고
센 불에서 튀기듯이 4~5분간 노릇하게
굽는다.

⑤ 다진 마늘, ②, 훈제 파프리카가루 넣고
중간 불에 2분간 튀기듯이 볶은 후
쪽파, 올리브, 후춧가루를 뿌린다.

감자채 치즈토스트

1인분 / 20분

- 감자 1개(200g)
- 달걀 1개
- 슈레드 피자치즈 1/2컵(50g)
- 슬라이스치즈 1장
- 튀김가루 1큰술
  (또는 부침가루나 밀가루, 감자전분)
- 소금 1/3작은술
- 쪽파 1줄기(8g)
- 통후추 약간
- 포도씨유 1큰술

[준비하기]

① 감자는 채칼 또는 칼로 얇게 채 썰어 물에 헹군 후 체에 밭쳐 물기를 없앤다.

[완성하기]

② 감자채에 튀김가루, 소금을 넣고 무치듯이 버무린다.

③ 달군 팬에 포도씨유를 두르고 약한 불에서 ②를 편 후 피자치즈를 반죽의 1/2 정도까지 올린다. 달걀을 올리고 포크로 깨서 고루 펼친다.

④ 슬라이스치즈를 반으로 잘라 올리고 감자채 밑면이 노릇할 정도까지 약한 불에서 5~6분간 굽는다. 뒤집개로 반을 접고 앞뒤로 구운색이 나도록 살짝 눌러가며 익힌다. 쪽파, 통후추 간 것을 뿌린다.

감자채로 빵 없이 만드는 치즈 토스트랍니다. 감자와 치즈의 환상적인 하모니,
고소하고 짭조름한 아는 그 맛에 달걀까지 더해져 와인과 맥주를 끝없이 부르는 메뉴에요.

더 맛있게 T.I.P.

* 기호에 따라 사워크림, 토마토케첩 등을 곁들이거나 베이컨, 햄 등을 잘게 썰어 감자채 반죽과 함께 섞어도 맛있어요.
* 달걀말이 사각팬이나 너무 크지 않은 팬(20cm)에 만들면 딱 알맞게 모양 잡기 쉬워요.

토마토 바지락술찜

2인분 / 15분

- 해감 바지락 1봉(500g)
- 방울토마토 12개
- 마늘 10쪽(50g)
- 쪽파 3줄기(24g)
- 페페론치노 5~6개
  (또는 베트남고추나 건고추,
  취향에 따라 가감)
- 올리브유 2큰술
- 화이트와인 1/2컵
  (또는 청주나 소주, 100㎖)
- 물 1/4컵(50㎖)
- 버터 1큰술(10g)
- 통후추 약간

[준비하기]

① 해감한 바지락은 깨끗이 헹군 후 체에 받쳐 물기를 없앤다.
② 방울토마토는 반으로 썬다.
③ 마늘은 편 썰고 쪽파는 송송 썬다.

[완성하기]

④ 냄비에 올리브유, 마늘, 페페론치노를 넣고 약한 불에서 2~3분간 볶은 후 방울토마토를 넣고 2분간 볶는다.

⑤ 바지락, 화이트와인, 물을 넣고 센 불로 올려 바지락 껍질이 벌어지기 시작하면 중간 불로 줄인다.

⑥ 버터를 넣고 바지락 껍질이 모두 벌어지면 약한 불로 줄인 후 쪽파, 통후추 간 것을 넣는다.

시원한 바지락에 방울토마토를 더해 깊은 풍미와 감칠맛이 끝내주는 술안주 단골 메뉴예요.
만들기도 간단하고 별도의 간이 거의 필요 없어 누구든지 실패 없이 만들 수 있어요.

더 맛있게 T.I.P.

* 물 1컵(200㎖)을 더 넣고 국물을 넉넉하게 만들어
  삶은 스파게티를 곁들여도 좋아요. 이 때 참치액 1큰술을
  넣어 간을 맞추고 싱거우면 소금을 살짝 더하세요.
* 화이트와인은 반드시 달지 않은 것을 사용하세요.

마늘버터 버섯 전복구이

1~2인분 / 15분 + 전복 손질하기 10분

- 전복 4~5마리(중간 크기)
  * 손질하기 13쪽
- 새송이버섯 1개(100g)
- 마늘 8~10쪽(40g)
- 쪽파 1줄기(또는 파슬리가루, 8g)
- 다진 마늘 1큰술
- 버터 4큰술
- 참치액 1/2큰술
  (또는 소금 1~2꼬집)

[준비하기]

① 새송이버섯은 1.5cm 두께로 모양대로 썰고 한쪽에 잔칼집을 넣는다.
② 전복은 윗면에 칼집을 넣는다.
③ 마늘은 편 썰고 쪽파는 송송 썬다.

[완성하기]

④ 팬에 버터를 녹이고 마늘을 넣어 약한 불에서 1분, 다진 마늘을 넣고 1분간 볶아 향을 낸다.

⑤ 전복, 새송이버섯을 넣어 중약 불에서 4~5분간 노릇하게 튀기듯이 볶은 후 참치액으로 간을 맞추고 쪽파를 올린다.

마늘과 버터를 듬뿍 넣고 튀기듯이 볶아 풍미가 끝내줘요.
전복에 새송이버섯을 더해 씹는 식감과 가성비를 높인 와인 안주랍니다.

양파장 육전

2~3인분 / 25분

- 육전용 쇠고기(홍두깨살) 300g
- 찹쌀가루 3~4큰술
  (또는 밀가루나 감자전분)
- 달걀 2개
- 소금 약간 + 1작은술
- 후춧가루 1작은술
- 포도씨유 2큰술
- 들기름 1큰술(또는 참기름) + 2큰술

양파 양념장
- 양파 1/4개(50g)
- 송송 썬 쪽파 1/2줄기(또는 대파, 4g)
- 생수 2큰술
- 양조간장 1큰술
- 맛술 1큰술
- 식초 1/2큰술
- 설탕 1/2큰술

[준비하기]

① 육전용 쇠고기는 적당한 크기로 잘라 한 장씩 넓게 편 후
키친타월로 꾹꾹 눌러 핏물을 제거하고 들기름(1큰술), 소금(약간), 후춧가루로 밑간한다.
② 양파 양념장의 양파를 최대한 가늘게 채 썰어 나머지 재료와 섞는다.
③ 볼에 달걀, 소금(1작은술)을 푼다.

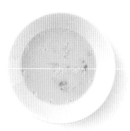

[완성하기]

④

밑간한 쇠고기에 찹쌀가루를 얇게
입힌 후 달걀을 입힌다.

⑤

달군 팬에 포도씨유 + 들기름(2큰술)을
두르고 ④를 올려 중간 불에서
한 번씩만 뒤집으면서 굽는다.
양파 양념장을 곁들인다.

부드럽고 담백한 홍두깨살로 간단하게 부쳐내는 육전입니다.
새콤하게 똑떨어지는 양파장을 함께 곁들여 싸먹는 맛이 일품이에요.
술안주는 물론 손님상에 내어도 손색 없어요.

더 맛있게 T.I.P.
* 소금, 후춧가루로 밑간해서 1장씩 겹쳐 쌓으면 한 면에만 묻혀도 양념이 고루 밸 수 있어요.

차돌 영양부추 숙주볶음

2인분 / 15분

- 쇠고기 차돌박이 350g
- 숙주 4줌(200g)
- 영양부추 1/2단(50g)
- 대파 15cm
- 홍고추 1개(생략 가능)
- 후춧가루 약간
- 포도씨유 1과 1/2큰술

양념

- 참치액 1큰술
- 양조간장 2/3큰술
- 맛술 2/3큰술
- 황설탕 2/3큰술(또는 설탕)

[준비하기]

① 영양부추는 3~4cm 길이로 썬다.
② 대파, 홍고추는 송송 썬다.
③ 숙주는 체에 밭쳐 물기를 없앤다.
④ 볼에 양념 재료를 섞는다.

[완성하기]

⑤
예열한 팬에 포도씨유, 대파를 넣어
약한 불에서 1분간 볶은 후 차돌박이를
볶다가 ④를 넣어 센 불에서 1~2분간
빠르게 볶는다.

⑥
부추, 숙주를 넣고 센 불에서 1~2분간
볶은 후 후춧가루를 넣는다.
기호에 따라 소금을 살짝 더하고
홍고추를 올린다.

고소한 감칠맛의 차돌박이와
아삭한 숙주, 영양부추를 휘리릭 볶아내기만 하면
성공률 100% 술안주가 됩니다.

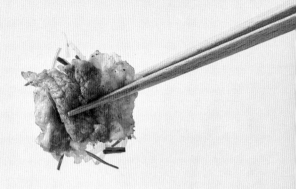

더 맛있게 T.I.P.

* 숙주, 부추는 식으면 물이 많이 생기고 약한 불에 오래 볶으면 아삭한 식감이 없어져요.
   또 차돌박이는 식으면서 기름이 굳기 때문에 먹기 직전에 센 불에서 빠르게 휘리릭 물기 없이 볶으세요.

* 부추, 숙주 등 부피감이 큰 채소를 볶을 때는 지름 28cm 이상의 깊이 있는 팬을 사용하는 것이 편해요.

* 볶을 때 고기, 채소를 넣으면 팬의 온도가 일시적으로 떨어지기 때문에 재료를 넣고 바로 불 세기를 올려요.

호프집 골뱅이 비빔면

호프집 골뱅이 소면을 시판 비빔면과 통조림 골뱅이로
간단하게 만들 수 있어요. 채소와 골뱅이는 마음껏 추가해도 좋아요.

1~2인분 / 15분~20분

- 시판 비빔면 1봉지
- 통조림 골뱅이 1캔(400g)
- 오이 1/2개(100g)
- 당근 1/7개(30g)
- 양파 1/4개(50g)
- 깻잎 7~8장
- 참기름 2작은술
- 통깨 약간

양념

- 비빔면 양념장 1봉지
- 고추장 1작은술
- 참치액 1작은술
  (또는 양조간장)
- 고춧가루 1작은술
- 황설탕 1작은술(또는 설탕)
- 식초 2작은술(기호에 따라 가감)

더 맛있게 T.I.P.

＊ 비빔면이 없으면 분량의 양념장을 배수로
  만들어 소면과 함께 곁들여도 맛있어요.

[준비하기]

1 오이, 당근은 4~5cm 길이로
  가늘게 채 썬다.
2 양파는 가늘게 채 썰고
  깻잎은 꼭지를 잘라내고
  겹쳐 말아 가늘게 채 썬다.
3 통조림 골뱅이는 체에 밭쳐
  물기를 없애고 2~3등분한다.
4 큰 볼에 양념 재료를 섞는다.

[완성하기]

5 끓는 물에 비빔면의 면을 넣어 포장지에
  적혀 있는 시간만큼 삶고 찬물에
  여러 차례 헹군 후 물기를 없앤다.
  ④에 ①, ②, ③을 넣어 버무린 후 참기름,
  통깨를 뿌리고 그릇에 면과 함께 담는다.

나초칩피자

인기 만점의 맥주를 부르는 초간단 메뉴랍니다. 살사소스로
매콤한 맛을, 콜비잭치즈나 체다치즈로 짭조름한 맛을 더할 수 있어요.

2인분 / 20분

- 나초칩 2줌(80g)
- 양파 1/6개(30g)
- 피망 1/4개(25g)
- 파프리카 1/2개(100g)
- 소시지 1개(60g)
- 슈레드 피자치즈 1컵(100g)
- 시판 토마토소스 4~6큰술
  (기호에 따라 가감)

더 맛있게 T.I.P.

* 나초칩, 채소는 많이 익힐 필요가 없어요.
  토마토소스가 따뜻하게 데워지고 치즈가
  노릇하게 녹을 정도로만 조리하면 돼요.
* 에어프라이어로 조리할 때는
  출력 상태나 구워지는 정도를 보며
  시간을 조절하세요.
* 매콤하면서 알싸한 맛이 나는 양파와
  피망 둘 중 하나는 꼭 넣고 파프리카는
  미니 사이즈로 구입해 색상별로 골고루
  넣으면 색감이 알록달록 예뻐요.

[준비하기]

1 양파, 피망, 파프리카는
  사방 1cm 크기로 썬다.
2 소시지는 송송 썬다.

[완성하기]

3 종이 용기에 나초칩을 평평하게 담고
  토마토소스 → 양파 → 피망 →
  파프리카 → 소시지 → 피자치즈
  순으로 올리고 200℃로 예열한
  오븐이나 180℃ 에어프라이어에
  약 8분간 치즈가 녹을 정도로 굽는다.

빨간 모둠어묵탕

3~4인분 / 20분 + 밑국물 만들기 15~20분

- 모둠어묵 300g
- 삶은 달걀 2개
- 냉동 우동면 1봉(230g)
- 표고버섯 2~3개
- 대파 20cm
- 청양고추 2개
- 쑥갓 1줌(생략 가능)
- 밑국물 6컵(1.2ℓ)
  * 만들기 9쪽

양념
- 다진 마늘 1큰술
- 참치액 2와 1/2큰술
- 맛술 1과 1/2큰술
- 설탕 1과 1/2큰술
- 양조간장 1과 1/2큰술
- 고춧가루 3큰술
- 고추장 3과 1/2큰술
- 물엿 2큰술
- 후춧가루 약간

[준비하기]

① 사각어묵은 세로로 반을 잘라 꼬치에 꽂는다.
　 다른 모양의 어묵은 먹기 좋은 크기로 썰어 꼬치에 꽂는다.
② 표고버섯은 4등분한다.
③ 대파, 청양고추는 송송 썬다
④ 볼에 양념 재료를 섞는다.

[완성하기]

⑤ 밑국물에 ④를 넣어 센 불에서 끓어오르면 어묵꼬치, 표고버섯을 넣고 중간 불에서 7·8분간 끓인다.

⑥ 우동면을 넣어 센 불에서 2분간 끓인다. 삶은 달걀, 대파, 청양고추, 쑥갓을 넣는다.

칼칼한 국물에 쫄깃한 어묵, 탱글탱글한 면발을 한 번에 즐길 수 있는 빨간 어묵탕입니다.
푸짐한 양이라 안주겸 식사는 물론 해장까지 동시에 되는 술안주 메뉴로 강추합니다.

더 맛있게 T.I.P.

* 식탁에 냄비째 올려 계속 끓여가면서 재료가 익는 순서대로 먹으면 좋아요.

* 브랜드마다 고추장 맵기가 다를 수 있으니 기호에 따라 가감하세요.

소시지 채소볶음

2인분 / 20분

- 비엔나소시지 200g
- 양파 1/2개(100g)
- 피망 1/2개(50g)
- 파프리카 1개(200g)
- 대파 15cm
- 포도씨유 2큰술
- 통깨 약간

양념
- 토마토케첩 3큰술
- 고추장 1/2큰술
- 다진 마늘 1/2큰술
- 양조간장 1큰술
- 설탕 1큰술

[준비하기]

① 양파, 피망, 파프리카는 한입 크기로 썬다.
② 대파는 송송 썬다.
③ 소시지는 사선으로 칼집을 넣는다.
④ 볼에 양념 재료를 섞는다.

[완성하기]

⑤ 끓인 물(2와 1/2컵)에 소시지를 넣고 1분 정도 살짝 데친다.

⑥ 팬에 포도씨유를 두르고 대파를 넣어 약한 불에 1분간 볶아 향을 낸 후 소시지를 넣고 칼집 낸 부분이 충분히 부풀 때까지 중간 불에서 2~3분간 볶는다.

⑦ 양파, 피망, 파프리카를 넣어 중간 불에 양파가 약간 투명해질 때까지 2분간 볶는다. ④의 양념을 넣고 센 불에서 2분간 볶아 불을 끄고 통깨를 뿌린다.

새콤, 달콤, 매콤한 양념이 중독적인 진리의 술안주.
맥주 안주의 끝판왕이자 소시지를 좋아하는 아이들에게는 최애 반찬이죠.
누가 만들어도, 누가 먹어도 성공 확률 100% 메뉴예요.

더 맛있게 T.I.P.

* 소시지에 칼집을 넣고 볶아야 양념이 속까지 고루 배어 더 맛있어요.
* 소시지를 한 번 데치면 염분, 기름기 등 불순물을 걸러낼 수 있어요. 이 과정이 번거로우면 생략해도 돼요.

한 그릇
뚝딱

면치기 요리

시판 제품에 더쉬운찬만의
팁을 더해 깊은 맛도 간편함도
모두 잡은 면 요리입니다.

콩나물 쌈장라면

깊은 감칠맛을 더해주는 쌈장으로 끓여낸
가문의 비법 라면을 소개합니다. 속까지 확 풀리는
해장을 하고 싶을 때 꼭 한번 끓여 보세요.

- 라면 1봉지(매운맛라면)
- 콩나물 2줌(100g)
- 대파 흰 부분 10cm
- 마늘 4~5쪽
- 물 3컵(600㎖)
- 청양고추 1개
- 포도씨유 1과 1/2큰술
- 시판 쌈장 2/3~1큰술
- 다진 마늘 1/2큰술

더 맛있게 T.I.P.

* 콩나물을 넣으면 싱거워지고 물이
  생기는데 이때 쌈장이 간을 잡아주고
  감칠맛을 내는 역할을 해요.
* 매운맛이 많이 나는 라면을
  사용하는 게 좋아요.
* 대파, 마늘을 볶은 후 바지락,
  모시조개 등 냉동 해물을 넣어 국물을
  내면 맛이 더 좋아져요.
* 콩나물 뿌리에는 아스파라긴산 등의
  영양소가 풍부하니 무른 부분만
  제거하고 그대로 사용하는 것이
  좋아요.

[준비하기]

① 마늘은 얇게 편 썬다.
② 대파, 청양고추는 송송 썬다.
③ 콩나물은 체에 밭쳐 물기를 없앤다.

[완성하기]

④
냄비에 포도씨유를 두르고
마늘, 대파를 넣어 약한 불에서
2분간 볶아 향을 낸 후 물을 넣고
센 불에서 끓인다.

⑤
끓어오르면 라면수프, 라면, 콩나물,
쌈장, 다진 마늘을 넣고
포장지에 적힌 시간만큼 면을 익힌다.
청양고추를 넣는다.

반숙란 들기름막국수

2인분 / 20분~25분

- 메밀면 250g(또는 소면)
- 반숙 달걀 1개
- 쪽파 5줄기(또는 다진 대파, 40g)
- 조미 김가루 1컵
- 들기름 4큰술
- 통깨 간 것 3큰술

양념
- 양조간장 1과 1/2큰술
- 참치액 1과 1/2큰술
  (또는 양조간장 3큰술)
- 설탕 1과 1/2큰술

맛집과 견주어도 뒤지지 않을만한 비장의 레시피를 소개해 드려요.
메밀면으로 칼로리를 확 낮춰 다이어트나 야식으로도 좋지요.

[준비하기]

① 끓는 물(5컵)에 메밀면을 넣고
   포장지에 적혀 있는 시간대로 삶은 후
   찬물에 여러 번 헹구고 체에 받쳐
   물기를 없앤다. * 메밀면 삶기 13쪽
② 달걀은 세로로 2등분한다.
③ 쪽파는 송송 썬다.
④ 볼에 양념 재료를 섞는다.

[완성하기]

⑤ 그릇에 ①을 담고 ④, 들기름,
   통깨 간 것을 넣어 비빈 후 조미 김가루,
   송송 썬 쪽파, 달걀을 올린다.

김치 비빔국수

냉장고에 있는 김치와 맛이 똑 떨어지는
비빔 양념장 하나로 휴일 점심을 간단하게 해결하세요.

2인분 / 25분

- 소면 200g
- 잘 익은 김치 1과 1/3컵(180g)
- 오이 1/2개(또는 채 썬 양배추 100g)
- 깻잎 6장(또는 쌈채소 2~3장)
- 삶은 달걀 1개
- 참기름 1큰술
- 통깨 1큰술

김치 양념
- 설탕 1작은술
- 참기름 1작은술
- 통깨 1작은술
- 후춧가루 약간

비빔 양념장
- 고추장 2큰술
- 참치액 1큰술(또는 양조간장)
- 고춧가루 1큰술
- 설탕 1큰술
- 매실액 1큰술(또는 사과주스)
- 식초 1큰술

더 맛있게 T.I.P.
* 비빔 양념장의 양은 기호에 따라
  조절하세요.

[준비하기]

① 오이는 씨를 제거하고 돌려 깎은 후
   가늘게 채 썬다.
② 깻잎은 꼭지를 떼어내고 돌돌 말아
   가늘게 채 썬다.
③ 달걀은 세로로 2등분하고 김치는
   송송 썬 후 김치 양념을 넣어 무친다.
④ 볼에 비빔 양념장 재료를 섞는다.
⑤ 끓는 물(5컵)에 소면을 넣고 포장지에
   적혀 있는 시간대로 삶은 후 찬물에
   여러 번 헹구고 체에 밭쳐 물기를
   없앤다. * 소면 삶기 13쪽

[완성하기]

⑥ 볼에 ④의 양념장 2큰술. ⑤를 넣어
   비빈 후 ①, ②, ③, 참기름, 통깨를
   올린다.

차돌 된장칼국수

2인분 / 25분 + 밑국물 만들기 15~20분

- 칼국수면 300g
- 쇠고기 차돌박이 120g
- 애호박 1/3개(80g)
- 감자 3/4개(150g)
- 대파 흰 부분 10cm
- 청양고추 1개
- 느타리버섯 30g(또는 표고버섯)
- 밑국물 6컵(1.2ℓ)
  * 만들기 9쪽
- 된장 2와 1/2큰술
- 고추장 2/3큰술
- 다진 마늘 1큰술
- 참치액 1큰술(기호에 따라 가감)
- 고춧가루 1큰술

[준비하기]

① 애호박, 감자는 5mm 두께로 반달 썬다.
② 느타리버섯은 밑동을 잘라내고 먹기 좋은 크기로 찢는다.
③ 대파, 청양고추는 송송 썬다.

[완성하기]

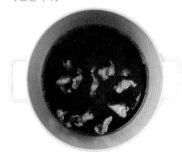

④ 밑국물에 감자, 된장, 고추장, 다진 마늘을 넣어 센 불에서 끓어오르면 중간 불로 낮춰 5~6분간 끓인 후 차돌박이를 넣고 1분간 끓인다.

⑤ 칼국수면, 애호박, 버섯을 넣고 중간 불에서 3~4분간 더 끓이고 참치액, 고춧가루, 대파, 청양고추 넣어 한소끔 더 끓인다.

칼칼한 된장 베이스 육수에 각종 채소와 차돌박이를 넣고 후루룩 끓여낸
칼국수 한 그릇 드셔 보세요. 쌀쌀한 날씨에 몸 속까지 뜨끈하게 데워줄 힐링 메뉴입니다.

더 맛있게 T.I.P.

* 된장찌개나 국을 끓일 때 고추장을 된장의 1/4 정도만 살짝 섞어주면 훨씬 깊은 감칠맛이 나요.
* 된장은 브랜드에 따라 염도가 다르니 간을 보면서 조절하세요. 된장을 망에 걸러 풀면 깔끔하지만 간은 더 약해져요.
  된장을 그대로 넣을 때는 양을 조금 줄이세요.
* 시판 칼국수면에 붙은 밀가루는 반드시 물에 헹궈 충분히 털어낸 후 사용하세요.

감자 고추장수제비

2인분 / 20분 + 밑국물 만들기와 수제비 반죽하기, 숙성하기 40분

- 시판 수제비가루 250g
- 감자 1개(200g)
- 애호박 1/3개(80g)
- 대파 15cm
- 청양고추1개(생략 가능)
- 밑국물 6컵(1.2ℓ)
  * 만들기 9쪽
- 고추장 2큰술
- 된장 1/2큰술
- 참치액 1큰술
- 고춧가루 1큰술
- 국간장 1/2큰술(기호에 따라 가감)
- 다진 마늘 1큰술

[준비하기]

① 시판 수제비가루에 포장지에 적힌 분량만큼 물을 넣어 치대면서 가루가 묻어나지 않을 때까지 약 10분간 반죽한 후 비닐에 싸서 냉장실에서 30분간 숙성시킨다.
② 감자, 애호박은 4~5mm 두께의 은행잎 모양으로 썬다.
③ 대파와 청양고추는 송송 썬다.

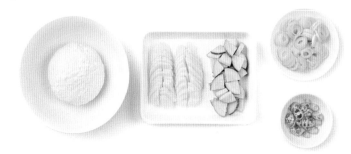

[완성하기]

④ 밑국물에 고추장, 된장, 고춧가루를 잘 풀고 감자를 넣어 센 불에서 끓어오르면 중간 불로 낮춰 5~6분간 끓인다.

⑤ 얇게 떼어낸 수제비 반죽, 애호박을 넣고 들러붙지 않게 저어가며 동동 떠오를 때까지 중간 불에서 끓인다.

⑥ 다진 마늘, 참치액, 국간장으로 간을 하고 대파, 청양고추를 넣는다.

비오는 날 유독 생각나는 힐링 메뉴랍니다. 속을 확 풀어주는 얼큰 칼칼한 국물에 쫄깃한 수제비 반죽과 고소한 감자가 어우러진 맛이 아주 좋아요. 시판 수제비가루를 사용하면 훨씬 간편하게 완성할 수 있어요.

더 맛있게 T.I.P.

* 수제비 반죽의 물은 80% 정도 먼저 넣어 점도를 본 후 조금씩 추가하세요.
* 시판 수제비가루가 없다면 밀가루 1컵, 감자전분 2큰술, 소금 1작은술, 식용유 1작은술,
  물 1/2컵으로 반죽해도 돼요. 밀가루에 감자전분을 추가하면 반죽이 훨씬 쫄깃해요.

일식풍 김치볶음우동

1~2인분 / 25~30분

- 냉동 우동면 1개(230g)
- 냉동 대패삼겹살 150g
- 양파 1/4개(50g)
- 청경채 1개(70g, 생략 가능)
- 대파 흰 부분 15cm
- 잘 익은 김치 1컵(150g)
- 숙주 2줌(100g)
- 다진 마늘 1큰술
- 맛술 1큰술
- 고춧가루 1큰술
- 포도씨유 1과1/2큰술
- 참치액 1큰술
- 굴소스 1큰술
- 물엿 1큰술
- 후춧가루 약간
- 참기름 약간
- 통깨 약간

[준비하기]

① 청경채는 밑동을 잘라 한 장씩 떼어 낸다.
② 양파는 두껍게 채 썰고 대파는 송송 썬다.
③ 숙주는 체에 밭쳐 물기 없앤다.
④ 김치는 양념을 털고 먹기 좋은 크기로 송송 썬다.
⑤ 우동면은 끓는 물(2컵)에 살짝 삶은 후 찬물에 헹궈 물기를 없앤다.

[완성하기]

⑥ 달군 팬에 포도씨유를 두르고 대파를 넣어 약한 불에서 1분간 볶다가 다진 마늘을 넣어 향을 낸 후 김치, 양파를 넣고 4~5분간 볶는다.

⑦ 대패삼겹살, 맛술, 고춧가루를 넣어 중간 불에 3~4분 정도 볶은 후 참치액, 굴소스, 물엿, 청경채, 숙주를 넣고 센 불에서 1~2분간 빠르게 볶는다.

⑧ ⑤의 데친 우동면을 넣어 1분간 볶은 후 후춧가루, 참기름, 통깨를 뿌린다.

일본식 술집에서나 맛볼 수 있을 법한 김치볶음우동입니다.
달고 매콤하면서 짭짤한 양념으로 완성해서 소주 한잔을
저절로 부르는 별미 메뉴예요.

더 맛있게 T.I.P.

* 다진 마늘은 쉽게 타기 때문에 대파를 먼저 볶고
김치는 약간 투명한 색이 돌 때까지 충분히 볶아야 맛있어요.
* 잘 익은 김치가 없으면 식초 1큰술, 고춧가루 1큰술,
김치가 너무 시다면 설탕 1/2큰술을 넣어요.
* 냉동 대패삼겹살에 맛술을 넣으면 비린내, 잡내를 줄일 수 있어요.
이때 생강 향이 나는 맛술을 넣으면 더 좋아요.
* 우동을 볶을 때 뻑뻑하면 물을 약간 추가해도 돼요.

원팬 봉골레파스타

2인분 / 25분

- 스파게티면
  (엔젤헤어나 스파게티니) 160g
- 해감 바지락 400g
- 마늘 15쪽(75g)
- 페퍼론치노 6~7개
  (또는 청양고추, 기호에 따라 가감)
- 쪽파 약간(또는 파슬리가루, 생략 가능)
- 물 3컵(600㎖)
- 올리브유 3큰술
- 화이트와인 1/4컵
  +(또는 청주나 소주, 50㎖)
- 참치액 1큰술
- 통후추 약간
- 그라나파다노치즈 약간
  (또는 파마산치즈)

[준비하기]

① 해감한 바지락은 깨끗이 헹군 후 체에 밭쳐 물기를 없앤다.
② 파스타는 반으로 부순다.
③ 마늘 1/2분량은 편 썰고 나머지 1/2분량은 굵게 다진다.

[완성하기]

④ 넓은 팬에 올리브유를 두르고 ③의 마늘, 부순 페퍼론치노를 넣어 약한 불에서 1~2분간 볶아 향을 낸 후 물, 스파게티면을 넣어 뚜껑을 걸쳐 덮고 중간 불에서 끓인다.

⑤ 면이 70% 정도 익으면 바지락, 화이트와인을 넣고 센 불로 올려 알코올을 날린다. 참치액으로 간을 맞추고 통후추, 치즈 간 것을 올린다.

라면 끓이듯이 간단하면서도
짭쪼름한 감칠맛과 알싸하게 매운 뒷맛이 살아 있는
봉골레 파스타 비법을 공개합니다.

더 맛있게 T.I.P.

* 일반 스파게티면을 삶을 때보다 물의 양이 적기 때문에 면이 골고루 물에 닿을 수 있게
  넓은 팬을 사용해 뒤적이면서 삶는 것이 좋고 얇은 면을 사용하면 조리가 더 빨라요.
* 차가운 바지락을 넣으면 온도가 떨어지기 때문에 바로 센 불로 올리고,
  다시 바글바글 끓어오르면 중간 불로 줄여 바지락이 모두 입을 벌릴 때까지 익혀요.
* 참치액은 해물 오일 베이스의 파스타에 깊은 감칠맛을 내줘요.

마늘 골뱅이파스타

2인분 / 25분

- 스파게티면 160g
- 통조림 골뱅이 1캔(300g)
- 마늘 10쪽(50g)
- 쪽파 2줄기(또는 대파 푸른 부분, 16g)
- 페퍼론치노 4~5개(또는 청양고추 1개)
- 올리브유 2큰술
- 화이트와인 1/2컵
  (또는 청주나 소주, 100㎖)
- 면수 2/3컵(약 140㎖)
- 참치액 1큰술~1과 1/2큰술
- 통후추 약간

[준비하기]

① 깊은 냄비에 물(7과 1/2컵) + 굵은 소금(1큰술)을 넣어 끓어오르면
스파게티면을 포장지에 적힌 시간보다 2분 정도 덜 삶아 건져내고,
면수는 2/3컵(약 140㎖) 정도 따로 덜어둔다.
② 통조림 골뱅이는 국물을 따라내고 건더기만 골라 물에 살짝 헹군 후 먹기 좋은 크기로 썬다.
③ 마늘은 편 썰고, 쪽파는 송송 썬다.

[완성하기]

④ 예열한 팬에 올리브유를 두르고 중간 불에서 마늘을 1~2분간 볶다가 부순 페퍼론치노, 골뱅이를 넣어 중간 불에서 2분간 볶는다.

⑤ 화이트와인을 넣고 센 불에서 끓여 알코올을 날린 후 ①의 면, 면수를 넣어 중간 불에서 2분간 끓인다. 참치액, 쪽파, 통후추 간 것을 넣는다.

골뱅이의 쫀득한 식감과 감칠맛이 스파게티면과 잘 어울리는 별미 메뉴예요.
마늘과 화이트와인으로 골뱅이의 비린한 맛을 없앴어요.

더 맛있게 T.I.P.

* 160g(2인분)의 파스타는 물 7과 1/2컵(1.5ℓ) + 소금(1큰술)의 비율로 삶으면 적당해요(물 : 파스타 : 소금 = 1000 : 100 : 10).
* 파스타 포장지에 적힌 시간보다 덜 삶아야 나중에 재료를 넣고 볶았을 때 딱 적당하게 익어요.
* 삶은 파스타에 올리브유 1큰술 정도를 넣어 버무리면 면이 빨리 불지 않아요.

대파 불고기파스타

2인분 / 20~25분

- 스파게티(스파게티, 페투치니 등) 160g
- 쇠고기(불고기용) 150g
- 대파 흰 부분 15cm, 푸른 부분 15cm
  (또는 송송 썬 쪽파나 파슬리가루)
- 마늘 5쪽(25g)
- 면수 1컵(200㎖)
- 올리브유 3큰술
- 그라나파다노치즈 약간
  (또는 파마산치즈가루)

불고기 양념
- 참치액 1과 1/2큰술
- 양조간장 1과 1/2큰술
- 설탕 2큰술
- 다진 마늘 2/3큰술
- 후춧가루 약간

[준비하기]

① 깊은 냄비에 물(7과 1/2컵) + 굵은 소금(1큰술)을 넣어 끓어오르면
   스파게티면을 포장지에 적힌 시간보다 2분 정도 덜 삶아 건져내고,
   면수는 1컵(200㎖) 정도 따로 덜어둔다.
② 볼에 불고기 양념 재료를 섞는다. 쇠고기는 키친타월로 꾹꾹 눌러 핏기를 없애고
   먹기 좋은 크기로 썬 후 불고기 양념(3큰술)을 넣어 잠시 재운다.
③ 대파 흰 부분과 푸른 부분은 각각 송송 썬다.
④ 마늘은 편 썬다.

[완성하기]

⑤ 예열한 팬에 올리브유를 두르고
마늘, 대파 흰 부분을 넣어 중간 불에서
2~3분간 볶은 후 쇠고기를 넣고
2~3분간 볶는다.

⑥ ①의 면, 면수, ②의 불고기 양념(1큰술)을
넣어 중간 불에서 1~2분간 양념이
잘 배도록 고루 볶는다. 대파 푸른 부분,
치즈 간 것을 올린다.

중독성 있는 단짝 소스의 불고기 양념으로 만들어
아이들이 정말 좋아해요. 스파게티면을 미리 삶았다면
올리브유에 버무려 두세요. 면이 불지 않아 편리해요.

91

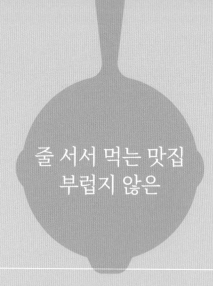

줄 서서 먹는 맛집
부럽지 않은

홈스토랑
메뉴

우리집이 바로 브런치 맛집!
유명 맛집의 그 메뉴를 이제 집에서도
부담없이 맘껏 즐겨 보세요.

머스터드 닭다리살스테이크

단짠 양념, 톡톡 씹히는 홀그레인 머스터드가
중독성 있는 스테이크랍니다. 큼직하게 썬 대파와
도톰한 마늘을 함께 먹어야 맛있어요.

- 닭다리살 4장(400g)
- 양파 1/2개(100g)
- 마늘 5쪽(25g)
- 대파 40cm
- 우유 1/2컵(100㎖)
- 올리브유 약간
- 소금 1/4작은술
- 후춧가루 약간

양념
- 양조간장 1큰술
- 꿀 1큰술(또는 올리고당)
- 참기름 1큰술
- 홀그레인 머스터드 1과 1/2큰술
- 다진 마늘 1작은술

[준비하기]

① 닭다리살은 껍질을 제거하고 두꺼운 부분에 칼집을 낸 후 깨끗이 씻어 물기를 없앤다. 앞뒤로 소금, 후춧가루로 간을 하고 우유에 약 20분간 재운다.

② 양파는 사방 1.5cm 크기로 썬다. 대파는 5cm 길이로 썬다.

③ 마늘은 반으로 편 썬다.

④ 볼에 양념 재료를 섞는다.

[완성하기]

⑤
예열한 팬에 올리브유를 약간 두르고 닭다리살을 중간 불에서 6분간 앞뒤로 굽는다.

⑥
닭다리살을 팬 한쪽으로 밀어 두고 양파, 대파, 마늘을 넣어 중간 불에서 2~3분간 볶은 후 ⑤의 양념을 넣어 중간 불에서 1분간 끓인다.

프랑스풍 가지키쉬

2인분 / 25분

- 가지 1개(120g)
- 양파 1/2개(100g)
- 감자 1/2개(100g)
- 베이컨 2줄(40g)
- 달걀 2개
- 쪽파 2줄기(16g, 생략 가능)
- 우유 1큰술
- 시판 토마토소스 2~3큰술
- 올리브유 약간
- 소금 약간 + 1/4작은술 + 1/4작은술
- 후춧가루 약간
- 파슬리가루 약간(생략 가능)

[준비하기]

① 가지는 3~4mm 두께로 어슷 썬다.
② 양파, 감자, 베이컨은 사방 0.5cm 크기로 잘게 깍둑 썬다.
③ 볼에 달걀, 우유, 소금(약간)을 넣어 섞는다.

[완성하기]

④ 팬에 올리브유를 살짝 두르고
가지를 올려 소금(1/4작은술)로 간을 하고
중간 불에서 앞뒤로 3~4분간
구워 덜어둔다.

⑤ 팬에 다시 올리브유를 두르고 감자를
넣어 중간 불에서 3~4분간 볶은 후
양파, 베이컨, 소금(1/4작은술), 후춧가루를
넣어 감자, 양파가 투명하게 익을 때까지
볶는다.

⑥ ④의 가지 1/3분량, ③을 넣어
중약 불에서 1~2분간 볶는다.
토마토소스, 나머지 가지를 올리고
약한 불로 줄인 후 뚜껑을 덮어
3~4분간 익히고 파슬리가루를 뿌린다.

달걀과 가지를 이용한 프랑스 가정식 요리입니다.
구운 가지의 고소한 맛이 일품인데다 빵이나 밥에 모두 잘 어울려서 브런치로 추천해요.

바질페스토 버섯파니니

2~3인분 / 20분

- 치아바타 2개
  (또는 캄파뉴 등의 식사빵)
- 느타리버섯 3줌 (130g,
  또는 표고버섯이나 새송이버섯)
- 양파 1/2개(100g)
- 슬라이스치즈 2장
- 슈레드 피자치즈 1컵(100g)
- 올리브유 2큰술
- 소금 약간
- 후춧가루 약간
- 발사믹글레이즈 2큰술
  (또는 꿀 1큰술 + 발사믹식초 1과 1/2큰술)
- 버터 2큰술(20g)

스프레드
- 홀그레인 머스터드 1큰술
- 마요네즈 1큰술
- 바질페스토 2큰술

[준비하기]

① 느타리버섯은 밑동을 자르고 결대로 찢는다.
② 양파는 가늘게 채 썬다.
③ 슈레드 피자치즈는 상온에 꺼내둔다.
④ 치아바타는 반으로 갈라 한 면에는 머스터드와 마요네즈, 다른 한 면에는
  바질페스토를 바르고 2등분한 슬라이스치즈를 옆으로 길게 올린다.

[완성하기]

⑤ 달군 팬에 올리브유 두르고 버섯, 양파를
넣어 소금, 후춧가루로 간을 한 다음
센 불에 2~3분간 볶는다. 발사믹
글레이즈를 넣어 고루 섞으면서 볶는다.

⑥ 치아바타 위에 ⑤, 피자치즈를 올리고
다른 한쪽을 덮는다.

⑦ 달군 팬에 버터(1큰술)를 넣고 치아바타를
올려 약한 불로 줄인 후 꾹꾹 눌러가며
2~3분간 앞뒤로 굽는다.

유명 브런치 카페에서 즐겨 먹던 버섯파니니를 이제 집에서도 간편하게 만들어 보세요.
느타리버섯 이외에 표고버섯이나 새송이버섯을 사용해도 맛있어요. 버터를 넣어 빵을 바삭하게
굽는 게 포인트랍니다.

더 맛있게 T.I.P.

* 빵은 약한 불에서 한 면이 충분히 바삭하게 구워지고
  치즈가 녹을 때까지 넓은 뒤집개로 꾹꾹 눌러가며 익힌 후
  반대쪽으로 뒤집어 동일한 방법으로 꾹꾹 눌러가며 익히세요.
* 그릴팬에 굽거나 프레스로 누르면서 구워도 좋아요.

표고 가지탕수

2~3인분 / 20~25분 + 가지, 버섯 밑간하기 10분

- 가지 2개(240g)
- 표고버섯 6개(150g)
- 오이 1/4개(50g)
- 양파 1/4개(50g)
- 파프리카 1/2개(100g)
- 감자전분 1/4컵(묻히기용)
- 소금 1/2작은술 +1/2작은술
- 후춧가루 1/3작은술
- 식용유 3컵(튀김용)

튀김옷
- 감자전분 1/4컵
- 튀김가루 1컵
- 찬물 1컵(200㎖)

탕수 소스
- 물 1컵(200㎖)
- 양조간장 2큰술
- 식초 2큰술
- 설탕 3큰술
- 케첩 1큰술
- 다진 생강 약간(또는 생강가루, 생략 가능)
- 감자전분 1과 1/2작은술

[준비하기]

① 가지는 2~2.5cm 크기로 지그재그로 어슷 썬 후 소금 1/2작은술을 뿌린다.
② 표고버섯은 밑동을 떼고 물에 살짝 씻어 4등분한 후
   소금 1/2작은술, 후춧가루를 뿌려 10분간 밑간한다.
③ 오이는 세로로 2등분해서 3~4mm 두께로 어슷 썬다.
④ 양파, 피프리카는 한입 크기로 썬다.
⑤ 볼에 튀김옷 재료를 넣어 날가루가 보이지 않을 정도만 가볍게 섞는다.

[완성하기]

⑥ 비닐봉투에 감자전분, 가지, 표고버섯을 넣고 흔들어 가루를 전체적으로 고루 묻힌다.

⑦ 가지, 표고버섯에 묻은 가루를 살짝 털어내고 ⑤의 튀김옷을 묻힌 후 170℃ 기름에서 3분 정도 튀긴다.

⑧ 팬에 탕수 소스 재료를 넣어 잘 섞은 후 중간 불에서 저어가며 끓어오르면 오이, 양파, 파프리카를 넣고 4~5분간 끓인다. 튀긴 가지, 버섯은 끼얹거나 따로 담아낸다.

건강한 식재료인 표고버섯과 가지로 만드는 퓨전 중식 스타일의 탕수육입니다.
바삭한 튀김옷과 새콤달콤한 소스가 아이들의 취향 저격이에요.

더 맛있게 T.I.P.

* 표고버섯을 살짝 물에 헹궈야 전분이 잘 묻어요.
* 튀겨서 건져낸 후 기름을 다시 예열시켜 한 번 더 튀기면 좀 더 바삭해요.
* 예열한 기름에 반죽을 떨어뜨려 3초 후에 지글지글거리며 떠오르면 적정 온도예요.
* 가지, 표고버섯을 튀길 때 기름 온도가 올라갈 수 있으니 불 세기를 조절하세요.

채소 듬뿍 샥슈카

2~3인분 / 25분

- 양파 1/2개(100g)
- 가지 1개(또는 애호박이나 버섯, 120g)
- 베이컨 2줄(40g)
- 슈레드 피자치즈 1/2컵(50g)
- 달걀 2개
- 마늘 6~7쪽(30g)
- 소금 약간
- 후춧가루 약간
- 올리브유 3큰술
- 바질 약간(또는 루꼴라)
- 파슬리가루 약간
  (또는 송송 썬 쪽파, 생략 가능)
- 바게트 1/2개(15~20cm)

양념
- 시판 토마토소스 1과 1/2컵(300㎖)
- 황설탕 1/2큰술(또는 설탕, 생략 가능)
- 물 1/2컵(100㎖)

[준비하기]

① 가지, 양파, 베이컨은 잘게 깍둑 썬다.
② 마늘은 편 썬다.

[완성하기]

③ 팬에 올리브유, 마늘을 넣어 약한 불에서 2분간 볶다가 양파, 가지, 베이컨, 소금, 후춧가루를 넣고 중간 불에서 3~4분간 충분히 볶는다.

④ 양념 재료를 넣어 중간 불에 7~8분간 끓이고 가운데 달걀을 올린 후 피자치즈를 뿌린다. 뚜껑을 덮고 약한 불로 줄여 달걀을 반 정도 익히고 바질, 파슬리가루를 올린다.

⑤ 바게트는 먹기 좋은 두께로 썰어 토스트기나 팬에 살짝 앞뒤로 노릇하게 구워 곁들인다.

100

브런치 카페에서나 맛볼 수 있는 샥슈카.
맛은 토마토파스타와 아주 비슷한데
빵이 끝도 없이 먹히는 빵노둑 메뉴입니다.

2~3인분 / 15분
+ 쇠고기 재우기 10~20분

- 쇠고기 다짐육 100g
- 삶은 달걀 3개
- 방울토마토 10개(또는 토마토 1개)
- 통조림 옥수수 1캔(200g)
- 통조림 붉은 강낭콩 100g
- 슬라이스 블랙올리브 4큰술
- 양상추 4~5장(또는 로메인)

고기 양념
- 양조간장 1큰술
- 맛술 1큰술
- 황설탕 2/3큰술(또는 설탕)
- 다진 생강 1/2작은술
  (또는 생강 가루, 생략 가능)
- 후춧가루 약간

드레싱
- 플레인요거트 2큰술
- 마요네즈 1과 1/2큰술
- 파마산치즈 1큰술
- 꿀 1큰술
- 레몬즙 1큰술
- 홀그레인 머스터드 1/2큰술
- 통후추 약간
- 소금 1/4작은술

쇠고기 콥샐러드

콥(Cobb)이라는 이름의 셰프가 주방에서 사용하고 남은 재료로 만들어 먹었다는 샐러드입니다. 집에서는 더 푸짐하게 즐길 수 있어요.

[준비하기]

1 쇠고기는 키친타월로 꼭꼭 눌러가며 핏물을 제거하고 고기 양념에 버무려 10분 이상 재운다.
2 양상추는 먹기 좋은 크기로 썰고 방울토마토는 8등분 한다.
3 달걀은 모양대로 8등분 한다.
4 드레싱 재료를 섞는다.

[완성하기]

5 팬에 ①을 넣어 중간 불에서 5~6분간 물기 없이 바싹 볶는다. 그릇에 양상추를 깔고 나머지 재료를 한 줄씩 보기 좋게 올린다. 드레싱은 따로 담아 먹기 직전에 끼얹는다.

초간단 냉채족발

새콤달콤한 소스와 채소를 종류별로 곁들여 플레이팅만 하면 완성되는
초간단 조리에 차갑게 내는 음식이라 미리 준비해 놓기도 편해요.

3~4인분 / 20분

- 족발 400g
- 양파 1/4개(50g)
- 적양배추 3장
  (또는 양배추, 손바닥 크기, 90g)
- 파프리카 1개(200g)
- 오이 1/2개(100g)
- 당근 1/4개(50g)
- 게맛살 2개(짧은 것)

소스
- 시판 파인애플 드레싱 3큰술
- 식초 1큰술
- 양조간장 1큰술
- 설탕 1큰술
- 연겨자 1큰술(기호에 따라 가감)
- 땅콩버터 1큰술
- 다진 마늘 1/2작은술

더 맛있게 T.I.P.
* 소스를 만들 때 연겨자와 설탕을
  먼저 섞은 후 나머지 재료를 넣으면
  겨자가 잘 풀어져요.

[준비하기]

① 차가운 상태의 족발을 먹기 좋은
   두께로 썰어 전자레인지에
   1분~1분 30초간 살짝 데운다.

② 적양배추, 양파는 채칼로
   최대한 얇게 채 썬다.

③ 당근, 파프리카, 맛살은 손가락 길이로
   얇게 채 썬다. 오이는 껍질을 벗겨
   씨 부분을 제거하고 얇게 채 썬다.

④ 볼에 소스 재료를 섞는다.

[완성하기]

⑤ 그릇에 썰어둔 채소를 둘러서 담고
   가운데 족발을 수북하게 얹은 후
   ④의 소스를 곁들인다.

차돌 불초밥

2인분 / 20~25분

- 따뜻한 밥 2공기(400g)
- 쇠고기 차돌박이 20장(약 100g)
- 양파 1/2개(100g)
- 쪽파 2줄기(16g, 생략 가능)
- 와사비 약간

고기 양념
- 양조간장 2큰술
- 맛술 1큰술
- 레몬즙 1큰술
- 올리고당 2큰술
- 후춧가루 약간

배합초
- 식초 2큰술
- 설탕 1큰술
- 소금 1작은술

[준비하기]

① 양파는 최대한 얇게 채 썰어 찬물에 담가 매운 맛을 뺀 후 체에 밭쳐 물기를 없앤다.
② 쪽파는 송송 썬다.
③ 그릇에 고기 양념 재료를 섞는다.
④ 볼에 배합초 재료를 넣고 전자레인지에 데운다.

[완성하기]

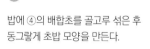

⑤ 밥에 ④의 배합초를 골고루 섞은 후 동그랗게 초밥 모양을 만든다.

⑥ 예열된 팬에 차돌박이를 올리고 센 불에서 30초 내외로 굽는다.

⑦ ⑥을 ③의 고기 양념에 푹 적신 후 ⑤ 위에 와사비와 함께 올리고 토치로 그을려 불 향을 입힌다.
양파, 쪽파를 올린다.

불 향이 나는 차돌박이 초밥을
집에서 간편하게 즐길 수 있을 뿐 아니라 레시피 그대로 간편하게
차돌박이 덮밥으로도 변형할 수 있는 전천후 메뉴입니다.

더 맛있게 T.I.P.

* 배합초를 데울 때 한 번에 오래 가열하면 끓어 넘쳐요. 전자레인지에 30초씩 가열해 설탕을 완전히 녹여요.
* 배합초는 밥에 80% 정도만 먼저 넣어 밥의 점도를 보면서 더하세요.
* 배합초를 섞은 밥 위에 양념장에 적신 차돌박이, 양파, 쪽파를 올려 덮밥 형식으로 즐겨도 좋아요.

105

불고기파히타

2~3인분 / 20분 + 쇠고기 재우기 20~30분

- 또띠야 5~6장
- 쇠고기 불고기용 300g(또는 샤브샤브용)
- 양파 1/2개(100g)
- 피망 1개(100g)
- 파프리카 1개(200g)
- 고수 약간(또는 깻잎, 생략 가능)
- 참기름 1큰술
- 시판 살사소스 60g(기호에 따라 가감)
- 올리브유 1큰술
- 소금 1/4작은술
- 후춧가루 약간

불고기 양념
- 양조간장 2큰술
- 맛술 2큰술
- 설탕 1과 1/2큰술
- 다진 마늘 1작은술
- 후춧가루 약간

과카몰리
- 아보카도 1개(또는 냉동 아보카도 150~200g) * 손질하기 13쪽
- 방울토마토 8개(또는 토마토 1/2개)
- 양파 1/4개(50g)
- 올리브유 2큰술
- 레몬즙 1큰술
- 허브솔트 1/3작은술(또는 소금 1/4작은술)
- 통후추 약간

[준비하기]

① 그릇에 쇠고기를 넓게 펼쳐 키친타월로 꼭꼭 눌러 핏기를 없앤 후 불고기 양념에 조물조물 버무려 20분 이상 재운다.

② 파프리카, 피망, 양파는 0.3cm 두께로 채 썬다.

③ 과카몰리 재료 중 토마토, 양파는 굵게 다진다.

[완성하기]

④ 아보카도를 포크로 으깬 후 나머지 과카몰리 재료를 넣고 섞는다.

⑤ 예열된 팬에 올리브유를 두르고 양파, 피망, 파프리카를 넣어 센 불에 1~2분간 볶은 후 소금, 후춧가루로 간을 하고 그릇에 덜어둔다.

⑥ 다시 팬에 ①을 넣고 중간 불에 3~4분간 익힌 후 참기름을 넣는다. 그릇에 ④, ⑤, 1/4 크기로 자른 또띠야, 살사소스와 함께 곁들인다.

불고기 양념만 준비되면 채소와 또띠아에 싸서
간편하게 즐길 수 있는 손님 초대상 단골 메뉴입니다.
멕시칸 레스토랑 부럽지 않은 맛이에요.

더 맛있게 T.I.P.

* 불고기 대신 훈제 닭가슴살에 소금, 후추로 간을 하고 노릇하게 구워 곁들이면 담백한 다이어트 식사가 가능해요.

* 생레몬 대신 시판 레몬즙을, 숙성된 아보카도가 없다면 냉동 아보카도를 사용해도 간편하고 맛있어요.
  아보카도를 전자레인지로 익혀 빨리 숙성시키면 맛이 떨어져요.

* 남은 아보카도는 빨리 산화돼요. 과카몰리를 넉넉하게 만들어 나초칩, 식빵, 비스킷 등에 얹어 먹으면 간식 겸 술안주로 좋아요.

* 또띠야는 팬에 살짝 굽거나 전자레인지에 데워 사용하고 플레인요거트, 고수를 곁들여도 좋아요.

버섯 찹스테이크

2~3인분 / 20분 + 쇠고기 밑간하기 10분

- 쇠고기 스테이크용
  (두께 2cm 정도의 안심 또는 등심) 400g
- 양파 1/2개(100g)
- 양송이버섯 4개
  (또는 표고버섯이나 느타리버섯)
- 피망 1/2개(50g)
- 파프리카 1개
  (또는 미니 파프리카 4~6개, 200g)
- 올리브유 1큰술 + 1큰술
- 소금 1/2작은술
- 후춧가루 약간
- 버터 1큰술

양념
- 양조간장 1큰술
- 참치액 1큰술
- 꿀 1큰술(또는 물엿이나 설탕)
- 식초 1큰술
- 다진 마늘 1/2큰술

[준비하기]

① 쇠고기는 키친타월로 감싸 앞뒤로 꾹꾹 눌러가며 핏물을 제거한 후
   사방 2.5cm 크기로 썰고 소금, 올리브유에 버무려 10분간 밑간한다.
② 양파, 피망, 파프리카는 한입 크기로 썬다.
③ 양송이버섯은 밑동을 떼고 2~4등분 한다.
④ 볼에 양념 재료를 섞는나.

[완성하기]

⑤ 센 불에서 팬을 충분히 예열한 후
올리브유(1큰술)를 두르고 ①을 넣어
센 불에서 3~4분간 굽는다.
그릇에 덜어 휴지시킨다.

⑥ 팬에 다시 올리브유(1큰술)를 두르고
버섯, 양파, 피망, 파프리카, 소금,
후춧가루를 넣어 센 불에서 1분 30초 ~
2분간 볶는다.

⑦ ⑥에 ⑤의 스테이크와 육즙을 넣고
팬의 가운데를 비워 버터, ④의 양념을
중간 불에서 30초간 끓인 후
1분간 골고루 섞으면서 볶는다.

스테이크와 가니시를 한꺼번에 큰 팬 가득 조리하면
특별한 플레이팅 없이도 홈파티를 화려하게 즐길 수 있어요.
채소를 듬뿍 넣어 가성비도 높여 보세요.

더 맛있게 T.I.P.

* 스테이크용 고기는 굽기 30분 전 실온에 꺼내 두고 구우면서 크기가 줄어들기 때문에 약간 큼직하게 썰어요.
* 채소는 오래 익혀야 하는 것부터 순서대로 넣어 소금으로 간을 하고 물이 생기지 않도록 센 불에 재빨리 볶아요.
* 양념은 재료 위에 뿌리는 것보다 팬에 먼저 끓인 후 섞으면 풍미가 훨씬 좋아요.
* 스테이크의 겉면을 바삭하게 굽기 위해서는 스테인리스팬이나 무쇠팬을 사용하고
  28cm 정도 크기의 큼직하고 깊이감 있는 소테팬에 조리해서 뜨거운 팬 그대로 테이블에 올리는 것을 추천해요.

일식풍 연어조림

2인분 / 15분 + 연어 밑간하기 5분

- 연어 300g(스테이크용)
- 마늘 6쪽(30g)
- 표고버섯 2개(50g)
- 양파 1/2개(100g)
- 소금 약간
- 후춧가루 약간
- 올리브유 1과 1/2큰술
- 버터 1큰술(10g)
- 물 3큰술

조림 양념
- 양조간장 1큰술
- 참치액 1큰술
- 맛술 1큰술
- 황설탕 1큰술(또는 물엿)
- 다진 생강 1/2작은술(또는 생강가루)

[준비하기]

① 연어는 앞뒤로 소금, 후춧가루를 뿌려 5분간 밑간한다.
② 양파는 사방 1.5cm 크기로 썬다. 마늘은 반으로 편 썬다.
③ 표고버섯은 밑동을 제거한 후 3~4mm 두께로 채 썬다.
④ 볼에 조림 양념 재료를 섞는다.

[완성하기]

⑤ 예열된 팬에 올리브유를 두르고 연어를 올려 중간 불에서 속이 70~80% 정도 익을 때까지 3~5분간 굽는다.

⑥ 연어를 팬 한쪽으로 밀어 두고 버터, 양파, 마늘, 표고버섯, 소금, 후춧가루를 넣어 중간 불에서 2~3분간 볶는다.

⑦ ④의 조림 양념, 물(3큰술)을 넣어 연어와 채소에 소스 맛이 배일 정도까지 중간 불에 2~3분간 끓인다.

일본 가정식 요리의 느낌을 낼 수 있는 연어조림입니다.
달달하고 짭짤한 양념에 영양만점 연어의 고소하면서도 폭신한 식감이
어우러져 온가족이 함께 즐길 수 있는 메뉴예요.

더 맛있게 T.I.P.

* 연어 두께에 따라 익히는 시간은 달라질 수 있어요.
* 꽈리고추 등을 추가해도 좋아요.
* 일본식 생선 조림장에 생강이 빠지면 맛과 향이 떨어져요.

수월하게
끓이는

국물요리

다시팩, 시판 곰탕만 있으면
진하고 깊은 맛의 국물요리가
뚝딱 완성됩니다.

삼겹 알배추찜

요리 초보자도 실패 없이 만들 수 있는 초간단
삼겹살 요리예요. 알배추와 삼겹살이 상큼한 폰즈소스를
만나 찰떡궁합을 이루는 메뉴랍니다.

- 대패삼겹살 500g
  (또는 제육용)
- 알배추 1통(600g)
- 대파 20cm 2대
- 마늘 8쪽
- 청주 1컵(또는 달지 않는 화이트와인,
  200㎖)
- 소금 1/2작은술
- 후춧가루 1/3작은술

폰즈소스
- 참치액 3큰술
- 양조간장 3큰술
- 식초 3큰술
- 생수 3큰술
- 꿀 1과1/2큰술
- 레몬즙 1과1/2큰술
  (또는 레몬청이나 유자청)
- 다진 청홍고추 1/2개 분량
- 와사비 약간

[준비하기]

① 대패삼겹살은 소금, 후춧가루로 밑간한다.
② 알배추는 4~5cm 크기로, 대파는 3~4cm 크기로 썬다.
③ 마늘은 3등분으로 편 썬다.
④ 볼에 폰즈소스 재료를 섞는다.

[완성하기]

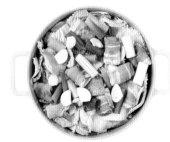

⑤

냄비에 알배추 → 삼겹살 → 대파, 마늘 순으로 반복해서 2번 정도 쌓은 후
청주를 뿌리고 뚜껑을 덮어 중약 불에서 10~15분 정도 익힌다. ④의 폰즈소스를 곁들인다.

대파 감자북엇국

2~3인분 / 25분 + 밑국물 만들기 15~20분

- 북어채 2줌(또는 황태채, 50g)
- 감자 1개(200g)
- 대파 15cm
- 달걀 2개
- 밑국물 4와 1/2컵(900㎖)
  * 만들기 9쪽
- 들기름 2큰술
- 국간장 1큰술
- 참치액 1큰술
  (또는 멸치액젓이나 까나리액젓
  1/2~ 2/3큰술)
- 다진 마늘 1큰술
- 후춧가루 약간

[준비하기]

① 북어채는 물에 살짝 적셔 3~4cm 크기로 자른 후 물기를 꼭 짠다.
② 감자는 4등분해서 1cm 두께로 납작하게 썬다.
③ 대파는 송송 썬다.
④ 볼에 달걀을 푼다.

[완성하기]

⑤ 달군 냄비에 들기름을 두르고 북어채를 넣어 중간 불에서 3~4분간 볶은 후 밑국물, 감자를 넣어 뚜껑을 덮고 센 불에서 끓어오르면 중간 불로 줄여 15분간 끓인다.

⑥ 국간장, 참치액, 다진 마늘로 간을 하고 대파를 넣은 후 ④의 달걀이 너무 풀리지 않게 가만히 부어 살짝 끓으면 후춧가루를 넣는다.

감자와 북어가 만나 부드럽고 구수한 맛으로 아침 식사에 적극 추천해요.
기호에 따라 두부를 넣어도 좋고요. 이때는 간을 조금 더 추가해야 심심하지 않아요.

황태 무 누룽지탕

2인분 / 20~25분 + 밑국물 만들기 15~20분

- 황태채 2줌(또는 북어채, 50g)
- 누룽지 100g
- 무 100g
- 두부 1/2모(150g)
- 대파 15cm(또는 쪽파, 20g)
- 밑국물 4컵(800㎖)
  * 만들기 9쪽
- 다진 마늘 1/2큰술
- 참치액 1큰술(또는 액젓 2/3큰술)
- 국간장 1/2~1큰술
- 참기름 2큰술

[준비하기]

① 황태채는 물에 살짝 담갔다가 물기를 꼭 짜고 3cm 길이로 자른다.
② 무는 4등분해서 0.3cm 두께로 썬다.
③ 두부는 한입 크기로 썬다.
④ 대파는 송송 썬다.

[완성하기]

⑤ 냄비에 참기름을 두르고 황태채를 넣어 중간 불에서 3~4분간 달달 볶는다.

⑥ 다진 마늘, 무를 넣어 중간 불에서 1~2분간 볶은 후 밑국물을 넣고 뚜껑을 닫아 센 불에서 끓어오르면 중간 불로 줄여 5~7분, 누룽지를 넣고 중간 불에서 5~6분간 끓인다.

⑦ 두부를 넣고 참치액, 국간장으로 간을 한다. 대파, 후춧가루를 넣어 한소끔 끓인다.

116

속이 확 풀리는 황태탕에 구수한 누룽지를 넣어 끓여 내는 고단백 아침 식사입니다.
밥 대신 누룽지를 넣어 색다른 식감과 고소한 맛을 배가시켜 익숙한 듯 새로운 맛을 느낄 수 있어요.

더 맛있게 T.I.P.
* 누룽지 종류 또는 기호에 따라 끓이는 시간, 밑국물의 양을 조절하세요.

사골 콩나물 우거지국

2~3인분 / 25분

- 시판 곰탕 2팩(1ℓ)
- 시판 삶은 우거지 300g
- 콩나물 1/2봉지(150g)
- 대파 흰 부분 15cm
- 홍고추 1개(또는 청양고추, 생략 가능)
- 참치액 1큰술
  (또는 액젓 2/3큰술이나
  소금 1/2작은술)

양념
- 된장 2큰술(염도에 따라 가감)
- 고춧가루 1큰술
- 다진 마늘 1큰술
- 참기름 1/2큰술
- 후춧가루 약간

[준비하기]

① 냉동 상태의 삶은 우거지를 깨끗이 헹궈 물기를 꽉 짜고 먹기 좋은 크기로 썬 후 양념 재료를 넣어 무친다.
② 콩나물은 씻어 체에 받쳐 물기를 뺀다.
③ 대파, 고추는 송송 썬다.

[완성하기]

④ 냄비에 곰탕을 넣어 중간 불에서 끓으면 ①을 넣는다. 뚜껑을 닫고 센 불에서 끓어오르면 중간 불로 낮춰 15분 이상 푹 끓인다.

⑤ 콩나물, 참치액을 넣어 4~5분 정도 끓인 후 대파, 홍고추를 넣고 한소끔 끓인다.

시판 곰탕과 삶은 우거지를 이용하여 간단하지만 구수하고 깊은 맛 가득하게 끓여 낸
든든한 아침식사용 국입니다. 우거지는 양념에 버무려 넣어야 싱겁지 않아요.

더 맛있게 T.I.P.
* 기호에 따라 들깨가루 2~3큰술을 넣으면 걸쭉한 고소함을 더할 수 있어요.
* 간이 짤 때 쌀뜨물을 넣어주면 더욱 구수해요.
* 시판 곰탕에 간이 되어 있다면 된장을 줄이거나 물을 추가하세요.

초당 순두부찌개

2~3인분 / 15분 + 밑국물 만들기 15~20분

- 시판 초당 순두부 1팩(600g)
- 애호박 1/4개(약 70g)
- 쪽파 2~3줄기(또는 다진 대파, 16g)
- 홍고추 1개(또는 청양고추, 생략 가능)
- 밑국물 2컵(400㎖)
  * 만들기 9쪽

양념장
- 국간장 1큰술
- 참치액 1큰술
  (또는 멸치액젓이나 까나리액젓 2/3큰술)
- 다진 마늘 1/2큰술
- 참기름 1/2큰술
- 설탕 1작은술
- 통깨 1/2작은술

[준비하기]

① 초당 순두부는 체에 밭쳐 간수를 뺀다.
② 애호박은 4등분해서 0.3cm 두께로 썬다.
③ 쪽파는 송송 썰고 고추는 잘게 다진다.
④ 볼에 양념장 재료를 섞는다.

[완성하기]

⑤

냄비에 밑국물, ①의 순두부, 애호박을 넣고 센 불에서 끓어오르면
4~5분간 끓인다. 쪽파, 홍고추를 올리고 ④의 양념장을 곁들인다.

미리 준비해 둔 밑국물만 있으면 바쁜 아침에 간단하게 끓일 수 있는
뜨끈하고 부드러운 아침 식사에요. 간이 세지 않아 아주 어린 아이들도 먹을 수 있어요.

명란 애호박찌개

3~4인분 / 15분 + 밑국물 만들기 15~20분

- 저염명란 2줄(100g)
- 대파 흰 부분 15cm, 푸른 부분 15cm
- 양파 1/4개(50g)
- 애호박 1/2개(135g)
- 청양고추 2개
- 홍고추 1개
- 밑국물 2컵(400㎖)
  * 만들기 9쪽
- 들기름 2큰술
- 고춧가루 1과 1/2큰술
- 다진 마늘 1큰술
- 다진 생강 1/2작은술
  (또는 생강가루, 생략 가능)
- 참치액 1/2큰술
  (또는 새우젓이나 액젓, 소금)
- 후춧가루 약간

[준비하기]

① 애호박은 4등분해서 0.5cm 두께로 썬다.
② 양파는 사방 1.2cm 크기로 썬다. 대파는 흰 부분, 푸른 부분 나눠 송송 썬다.
③ 청양고추, 홍고추는 송송 썬다.
④ 명란은 3~4등분한다.

[완성하기]

⑤
냄비에 들기름을 두르고 대파 흰 부분을
넣어 약한 불에서 1분간 볶은 후
밑국물, 애호박, 양파를 넣고 뚜껑을 덮어
센 불에서 끓인다.

⑥
끓어오르면 중간 불로 줄여 다진 마늘,
다진 생강, 고춧가루를 넣고 2~3분간
끓인 후 명란을 넣고 1~2분간 끓인다.

⑦
참치액으로 간을 하고
대파 푸른 부분, 청양고추, 홍고추,
후춧가루를 넣는다.

감칠맛 대왕 명란에 애호박과 양파의 달큰한 맛이 어우러져
매콤하고 시원하게 속이 확 풀리는 메뉴예요.

더 맛있게 T.I.P.

* 명란은 다진 마늘이나 다진 생강으로 잡내를 없애고, 찌개가 거의 다 완성됐을 때 넣어 살짝만 익히세요.

* 여름철에는 둥근 애호박으로 끓이면 훨씬 깊은 맛이 나요.

* 명란에 따라 염도가 조금씩 다르므로 간은 기호에 따라 가감하세요.

바지락 순두부찌개

1~2인분 / 25분 + 밑국물 만들기 15~20분

- 순두부 1봉(350g)
- 해감 바지락 300g
- 양파 1/4개(50g)
- 애호박 1/4개(약 70g)
- 달걀 1개
- 대파 10cm
- 청양고추 1개(생략 가능)
- 홍고추 1개(생략 가능)
- 밑국물 2와 1/4컵(450㎖)
  * 만들기 9쪽
- 포도씨유 2큰술
- 고춧가루 2큰술
- 다진 마늘 1큰술
- 참치액 1큰술
- 국간장 1/2~1큰술
- 후춧가루 약간

[준비하기]

① 해감한 바지락은 깨끗이 헹군 후 체에 밭쳐 물기를 없앤다.
② 순부두는 1.5cm 두께로 썬다.
③ 양파는 사방 1cm 크기로, 호박은 4등분해 0.5cm 두께로 썬다.
④ 대파, 고추는 송송 썬다.

[완성하기]

⑤ 팬에 포도씨유, 고춧가루, 다진 마늘을 넣고 약한 불에서 2~3분간 볶아 고추기름을 낸다.

⑥ 양파, 애호박을 넣어 1분간 볶은 후 밑국물을 넣고 센 불로 올려 끓어오르면 뚜껑을 덮어 중간 불에서 4~5분간 끓인다.

⑦ 바지락을 넣고 입을 벌릴 때까지 끓인 후 참치액, 국간장으로 간을 맞추고 순두부, 대파, 홍고추, 달걀을 넣어 중간 불에서 1~2분간 끓인다. 후춧가루를 뿌린다.

시판 순두부 양념 없이도 간단하게 얼큰하고 시원한 국물 맛을 낼 수 있는
바지락 순두부찌개를 소개해 드려요.

더 맛있게 T.I.P.

* 다시팩이 없으면 물을 넣어도 돼요.
* 순두부를 넣으면 싱거워지기 때문에 간이 세게 느껴져야 해요. 싱거우면 국간장이나 소금을 조금 더해 간을 맞추세요.

애호박 곰탕된장찌개

2~3인분 / 25분

- 감자 1개(200g)
- 애호박 1/3개(90g)
- 양파 1/4개(50g)
- 두부 1/2모(150g)
- 대파 20cm
- 청양고추 2개(또는 홍고추, 기호에 따라 가감)
- 된장 2큰술(염도에 따라 가감)
- 고추장 1/2큰술
- 고춧가루 1큰술
- 다진 마늘 1/2큰술
- 시판 곰탕 1팩(500㎖)

[준비하기]

① 감자는 4등분해 0.5cm 두께로, 애호박은 4등분해 0.3cm 두께로 썬다.
② 양파는 사방 1.5cm 크기로 썬다.
③ 두부는 한입 크기로 썬다.
④ 대파, 고추는 송송 썬다.

[완성하기]

⑤ 냄비에 곰탕을 넣고 센 불에서 끓어오르면 감자, 된장, 고추장을 넣어 중간 불로 줄여 4~5분간 끓인다.

⑥ 호박, 양파를 넣고 3~4분간 끓인 후 두부, 다진 마늘, 고춧가루를 넣고 중약 불에서 2~3분간 끓인다. 대파, 청양고추를 넣는다.

시판 곰탕국물로 간단하지만 깊은 맛을 내는 된장찌개를 완성할 수 있어요.
된장과 고추장을 4:1의 비율로 넣어 푹 끓여내면 완성이랍니다.

더 맛있게 T.I.P.

* 된장은 브랜드에 따라 염도가 다를 수 있으니 간을 보면서 양을 조절하세요.
* 된장찌개에 무를 넣으면 시원하고 감자를 넣으면 전분으로 국물이 더 구수하면서 진해져요.
* 된장찌개를 끓일 때 채소를 먼저 넣고 밑국물은 채소들이 살짝 잠길 정도로만 넣어야 찌개가 넘치지 않고
  딱 알맞은 농도로 완성돼요. 밑국물을 먼저 넣을 때는 냄비의 절반보다 적게 넣어야 나중에 끓어 넘치지 않아요.
* 시판 곰탕에 간이 되어 있다면 된장을 줄이거나 물을 추가하세요.

감자 스팸짜글이

3~4인분 / 25분

- 감자 1과 1/2개(300g)
- 양파 1/2개(100g)
- 대파 20cm
- 청양고추 1개
- 홍고추 1개(생략 가능)
- 저염스팸 1캔(200g)
- 물 2와 1/2컵(500㎖)
- 다진 마늘 1큰술

양념
- 설탕 2/3큰술
- 고추장 1과 1/2큰술
- 참치액 1과 1/2큰술
- 고춧가루 2큰술
- 된장 1/2큰술

[준비하기]

① 감자는 4등분해서 0.5cm 두께로 썬다.
② 양파는 사방 1.2cm 크기로 썬다.
③ 대파, 청양고추, 홍고추는 송송 썬다.
④ 스팸은 비닐 봉지에 넣어 손으로 으깬다.

[완성하기]

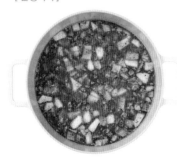

⑤
냄비에 감자, 양파를 깔고 그 위에 스팸을
올린 후 양념 재료, 물을 넣어
센 불에서 끓어오르면 중간 불로 줄여
10분 정도 끓인다.

⑥
다진 마늘을 넣고 채소가 푹 익을 때까지
중간 불에 2~3분간 끓인 후
대파, 청양고추, 홍고추를 올린다.

된장, 고추장을 함께 넣어 깊고 진한 국물 맛이
일품인데다 냉장고털이용으로도 좋은 실용적인 메뉴예요.

더 맛있게 T.I.P.

* 고추장과 된장은 브랜드에 따라 염도가 다를 수 있으니 간을 보면서 양을 조절하세요.
* 양념 재료를 미리 섞어 처음에 80% 정도 먼저 넣어 끓인 후 간을 보고 나머지 양념을 더해도 돼요.

차돌 버섯전골

2~3인분 / 20~25분 + 밑국물 만들기와 당면 불리기 15~20분

- 쇠고기 차돌박이 250g
- 느타리버섯 1/2팩(100g)
- 표고버섯 2개(50g)
- 팽이버섯 1/2봉지(50g)
- 당근 1/4개(50g)
- 애호박 1/3개(90g)
- 양파 1/2개(100g)
- 두부 1/2모(150g)
- 당면 1/2줌(50g)
- 대파 1대(50g)
- 밑국물 2컵(400㎖)
  * 만들기 9쪽

양념

- 고춧가루 3큰술
- 국간장 2큰술
- 참치액 1과 1/2큰술
- 다진 마늘 1큰술
- 맛술 1큰술
- 매실액 1큰술
- 설탕 1큰술
- 후추 약간

[준비하기]

① 당면은 미지근한 물에 담가 10분 이상 불린다.
② 양파는 0.5cm 두께로 채 썰고 당근, 애호박은 세로로 2등분해서 편 썬다.
③ 느타리버섯은 밑동을 제거하고 가닥가닥 찢는다.
  팽이버섯은 밑동을 제거하고 반으로 썬다. 표고버섯은 밑동을 제거하고 채 썬다.
④ 대파는 4cm 길이로 썰어 두꺼운 부분은 길이로 2등분 한다. 두부는 1cm 두께로 썬다.
⑤ 볼에 양념 재료를 섞는다.

[완성하기]

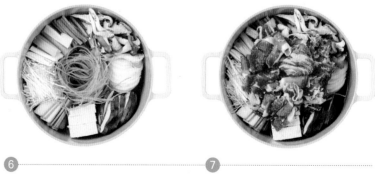

⑥
전골냄비에 모든 재료를 둘러 담는다.

⑦
⑤의 양념, 차돌박이를 올리고
밑국물을 넣은 후 센 불에서 끓어오르면
약한 불로 줄여 10분간 끓인다.

각종 채소가 푸짐하게 들어간 버섯전골입니다.
식탁 위에 올려 끓여가면서 먹어도 좋아요.
청양고추 1~2개를 송송 썰어 넣으면 얼큰하게 즐길 수 있어요.

두부 만두전골

3~4인분 / 20~25분 + 밑국물 만들기 15~20분

- 알배추 3장(손바닥 크기, 90g)
- 대파 20cm
- 양파 1/4개(50g)
- 애호박 1/2개(135g)
- 느타리버섯 100g
  (또는 표고버섯이나 팽이버섯)
- 두부 1모(300g)
- 시판 만두 2~3개
- 청양고추 1개
- 홍고추 1개
- 후춧가루 약간
- 소금 약간
- 후춧가루 약간
- 밑국물 4컵(800㎖)
  * 만들기 9쪽

전골 양념
- 새우젓 1큰술
- 참치액 1큰술(또는 국간장)
- 고춧가루 1과 1/2큰술
- 다진 마늘 1큰술
- 다진 생강 1/2작은술(또는 생강가루)

[준비하기]

① 알배추는 세로로 2등분해 크게 어슷 썬다.
② 애호박은 0.5cm 두께의 반달 모양으로 썰고 양파는 도톰하게 채 썬다.
③ 느타리버섯은 밑동을 자르고 가닥가닥 잘게 뜯는다.
④ 파는 4~5cm 길이로 썰고 흰 부분은 세로로 2등분한다. 고추는 송송 썬다.
⑤ 두부는 2등분해 두께 1cm 정도로 도톰하게 썬다.

[완성하기]

⑥ 냄비에 밑국물, 전골 양념 재료를 넣어 중간 불에서 3~4분간 살짝 끓인다.

⑦ ⑥에 채소를 보기 좋게 둘러 담고 가운데 두부와 만두를 올린다. 뚜껑을 닫고 센 불에서 끓어오르면 중간 불로 줄여 10~15분간 끓인다.

⑧ 청양고추, 홍고추를 올리고 소금으로 간을 한 후 후춧가루를 뿌린다.

쌀쌀한 날씨에 냄비 가득 푸짐하게 끓여 온가족이 둘러 앉아
따끈하게, 식탁에서 바로 즐길 수 있는 메뉴예요.

더 맛있게 T.I.P.

* 채소가 익으면서 물이 많이 나오기 때문에 밑국물을 처음부터 다 넣지 않고
  재료가 절반 가량 잠길 정도로만 부어준 후 모자라면 중간에 보충해줘야 넘치지 않아요.
* 뜨겁게 데운 상태의 밑국물에 만두를 넣고 바로 센 불에서 팔팔 끓여야 만두피가 벗겨지지 않아요.

냉장고 속 든든 반찬

밑반찬의 정석 멸치볶음부터
고기 반찬까지 냉장고 속 재료로 휘리릭
만들 수 있는 메뉴들이에요.

표고버섯 채소볶음

밥반찬으로 뿐만아니라 꽃빵을 함께 곁들이면
중식 일품요리로 즐기기에도 좋아요.

- 표고버섯 7개(175g)
- 양파 1/2개(100g)
- 당근 1/4개(50g)
- 마늘 4~5쪽(20g)
- 대파 흰 부분 10cm, 푸른 부분 15cm
- 다진 마늘 1큰술
- 포도씨유 2큰술
- 소금 약간
- 참기름 2/3큰술
- 통깨 1/2큰술

양념
- 참치액 2큰술(또는 양조간장)
- 맛술 1큰술
- 물엿 2/3큰술(또는 올리고당 1큰술)
- 후춧가루 약간

더 맛있게 T.I.P.

* 양념을 팬 가장자리로 둘러 넣으면
  재료에 스며들 듯이 간이 골고루 잘
  배어요.

* 볶음요리에 물엿을 넣으면
  코팅 효과로 윤기가 더해져 맛깔스럽게
  보여요. 올리고당은 열을 가하면
  단맛이 줄어들어 물엿보다 더 많은
  양을 넣어야 해요.

* 채소는 약한 불에 오래 볶으면
  수분이 생기고 식감도 떨어져요.
  센 불에서 아삭하고 쫄깃한 식감으로
  재빨리 볶는 것이 채소 볶음요리의
  핵심이에요.

[준비하기]

① 표고버섯은 밑동을 떼어내고 0.4~0.5cm 두께로 두툼하게 썬다.
② 양파, 당근은 먹기 좋은 크기로 얇게 채 썬다.
③ 대파는 송송 썰고 마늘은 3~4등분으로 편 썬다.
④ 볼에 양념 재료를 섞는다.

[완성하기]

⑤ 달군 팬에 포도씨유를 두르고
편 썬 마늘, 다진 마늘, 대파 흰 부분을 넣어
약한 불에서 1분간 볶은 후 당근을 넣고
2분간 볶는다.

⑥ 버섯, 양파를 넣어 센 불로 올려 1~2분간
재빨리 볶은 후 ④의 양념을 팬 가장자리로
둘러 넣고 1분간 볶는다. 불을 끄고 대파
푸른 부분, 참기름, 통깨를 넣어 섞는다.

아몬드 멸치볶음

3~4인분 / 15분

- 멸치 2컵(지리멸치, 80~90g)
- 아몬드 슬라이스 1컵
  (또는 통호두나 아몬드, 캐슈넛 등, 80g)
- 포도씨유 2큰술
- 참기름 1큰술
- 통깨 1큰술

양념
- 설탕 1큰술
- 매실액 1큰술
- 맛술 1큰술
- 꿀 1큰술(또는 올리고당 1과 1/2큰술)
- 다진 생강 1작은술(또는 생강가루)
- 참치액 1작은술(또는 양조간장)

[준비하기]

① 팬에 멸치, 아몬드 슬라이스를 넣어 중약 불에서 3~4분간
볶아 비린내를 날린 후 체에 밭쳐 가루를 털어낸다.

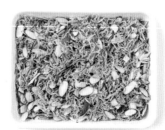

[완성하기]

② 팬에 포도씨유, 양념 재료를 넣어 중간
불에서 바글바글 끓인다.

③ ①을 넣고 약한 불에서 1분 정도 볶은 후
바로 불을 끄고 잔열로 볶는다.

④ 참기름, 통깨를 뿌리고 팬에 넓게 펼쳐
완전히 식힌 후 밀폐 용기에 담아 보관한다.

한국인의 칼슘 섭취 방법 1위, 1년 365일 어느 집에나 떨어질 날이 없는
최고의 밑반찬 멸치볶음 양념 공식을 공개합니다.

더 맛있게 T.I.P.

＊ 팬에 기름을 두르고 가열하면 멸치, 견과류 등이 타기 쉽기 때문에 멸치볶음은 반드시 약한 불에서 살짝 볶아요.

오징어채볶음

3~4인용 / 15분

- 오징어채 200g
- 마요네즈 2큰술
- 포도씨유 1큰술
- 참기름 1큰술
- 통깨 적당량

양념
- 고추장 2큰술
- 물엿 2큰술
- 고춧가루 1큰술
- 맛술 1큰술
- 설탕 1큰술
- 참치액 1/2큰술

[준비하기]

① 오징어채는 3~4cm 길이로 잘라 끓는 물에 넣어 20~30초간 살짝 데치고
체에 밭쳐 찬물에 재빠르게 헹군 후 물기를 꼭 짜고 마요네즈를 넣어 버무린다.

[완성하기]

② 팬에 포도씨유를 두르고 양념 재료를 넣어
저어가며 중간 불에서 끓으면 불을 끈다.

③ ①을 넣어 고루 섞는다.
참기름, 통깨를 넣고 팬에 넓게 펼쳐
완전히 식힌 후 밀폐용기에 담아 보관한다.

어릴 때 엄마가 싸주던 도시락 반찬 중 제일 맛있었던 게 오징어채볶음이었어요.
옛시절을 떠올리게 하는 마성의 밥반찬을 소개합니다.

더 맛있게 T.I.P.

* 양념장을 너무 오래 끓이면 식었을 때 오징어채가 딱딱해질 수 있어요.
  양념장은 살짝 끓인 후 바로 불을 끄고 잔열로 조리해요.

두부 채소전

3~4인분(지름 5cm, 두께 1cm 23~25개 분량) / 20분

- 두부 1모(300g)
- 양파 1/2개(100g)
- 당근 1/3개(70g)
- 애호박 1/2개(135g)
- 부추 10줄기
  (또는 쪽파 5~6줄기, 40g)
- 달걀 1개
- 밀가루 3큰술
  (또는 튀김가루나 부침가루)
- 참치액 1큰술
  (또는 소금 1/2작은술)
- 후춧가루 약간
- 포도씨유 3큰술

[준비하기]

① 두부 위에 무거운 것을 올려 물기를 완전히 뺀 후 칼 옆면으로 누르듯이 으깬다.
② 부추는 잘게 송송 썬다.
③ 애호박, 당근, 양파는 잘게 다진다.

[완성하기]

 볼에 ①, ②, ③, 밀가루, 달걀, 후춧가루, 참치액을 넣고 손으로 치댄 후 반죽을 크게 한 숟가락씩 떠서 동글납작하게 만든다.

⑤ 예열된 팬에 포도씨유를 넉넉히 두르고 반죽을 올려 중간 불에 4~5분간 앞뒤로 노릇하게 굽는다.

부드럽고 고소한 영양만점 부침개입니다.
냉장고털이용으로 남은 자투리 채소를 모두 넣어서 만들기 좋아요.

더 맛있게 T.I.P.

* 채소를 차퍼로 다질 때는 2~3초 간격으로 짧게 돌려야 물이 생기지 않고 뭉쳐지지 않아요.
* 두부의 물기를 완전히 없앤 후 나머지 재료와 섞어야 반죽이 질퍽하지 않고 잘 뭉쳐져요.

3~4인분 / 15분

- 무 500g
- 쪽파 5줄기(또는 부추, 40g)
- 고춧가루 3큰술
- 새우젓 1큰술(건더기만)
- 참치액 1과 1/2큰술
  (또는 액젓 1큰술)
- 설탕 1큰술
- 매실액 1큰술
- 식초 1큰술
- 다진 마늘 1큰술
- 통깨 1과 1/2큰술
- 소금 1/2작은술(기호에 따라 가감)

더 맛있게 T.I.P.

* 무채는 너무 두껍지 않고 고르게
  써는 게 좋아요.
* 무는 단면의 직각 세로 방향으로
  채 썰면 시간이 지나도 아삭한 식감이
  오래 유지돼요.
* 고춧가루를 먼저 넣으면 빨갛게 색도
  잘 들고 수분을 고춧가루가 흡착해서
  다음에 넣는 간이 잘 배게 해요.
* 간이 부족하면 소금, 짜면 무를 더하세요.
* 단맛이 좋은 무의 푸른 부분으로 생채를
  하면 더 맛있어요.

쪽파 무생채

집나간 입맛 돌려주는 초간단 메뉴입니다. 밥 위에
무생채와 달걀프라이, 참기름만 얹으면 비빔밥으로도 변신 가능해요.

[준비하기]

① 무는 채칼을 이용하거나 칼로
   약 0.1~0.2cm 두께로 얇게 채 썬다.
② 쪽파는 2cm 길이로 썬다.

[완성하기]

③ 큰 볼에 무, 고춧가루를 넣어 먼저
   버무린다. 새우젓, 참치액, 설탕,
   매실액, 식초, 다진 마늘, 통깨를
   섞은 후 마지막에 쪽파를 넣어 섞는다.

도토리묵무침

도토리묵을 맛깔난 양념으로 매콤새콤하게 무쳐낸
웰빙 샐러드입니다. 간식겸 술안주로도 이만한 게 없죠.

- 도토리묵 1모(400g)
- 오이 1/2개(100g)
- 당근 1/4개(50g)
- 양파 1/2개(80g)
- 풋고추 1개
- 홍고추 1개
- 쑥갓 3~4대(또는 상추 5장이나 깻잎 10장, 50g)
- 치커리 3~4대(20g)

양념장
- 고춧가루 2큰술
- 설탕 1큰술
- 양조간장 2큰술
- 참치액 2큰술
- 다진 마늘 2/3큰술
- 참기름 1큰술
- 통깨 1큰술

더 맛있게 T.I.P.

* 시판 도토리묵은 끓는 물에 데쳐 찬물에
  식히면 쫄깃하고 잘 부서지지 않아요.
* 부재료의 양에 따라 간이 달라지므로
  양념을 90% 정도 먼저 넣고
  나머지는 기호에 따라 가감하세요.
* 도토리묵은 김과 함께 먹으면 안 좋다고
  하니 김가루는 넣지 마세요.
* 묵칼로 묵을 자르면 모양도 예쁘고
  올록볼록한 면 사이에 양념이 잘 배어요.

[준비하기]

1. 냄비에 묵과 묵이 잠길 정도의 물을 넣고
   중간 불에서 끓으면 2~3분 정도 데친 후
   차가운 물에 가볍게 헹궈 체에 밭쳤다가
   2등분해서 1cm 두께로 도톰하게 썬다.
2. 당근, 양파는 얇게 채 썬다.
3. 오이는 세로로 2등분해서 어슷 썬다.
   고추는 송송 썬다.
4. 쑥갓, 치커리는 4~5cm 길이로 썬다.
5. 볼에 양념장 재료를 섞는다.

[완성하기]

6. 큰 볼에 채소와 ⑤의 양념장 1/2분량을 넣고
   잘 버무린 후 묵과 나머지 양념장을 넣어
   묵이 부서지지 않게 전체적으로 섞는다.

빨간 메추리알조림

3~4인분 / 15분

- 시판 삶은 메추리알 35~40알(400g)
- 풋고추 1개(또는 청양고추, 생략 가능)
- 홍고추 1개(생략 가능)

양념
- 고추장 1과 1/2큰술
- 케첩 2큰술
- 설탕 1큰술
- 참치액 1큰술
- 물엿 1큰술(또는 올리고당 1과 1/3큰술)
- 참기름 1큰술
- 다진 마늘 1/2큰술
- 후춧가루 약간
- 통깨 1큰술

[준비하기]

1. 메추리알은 깨끗하게 헹군 후 체에 밭쳐 물기를 없앤다.
2. 풋고추, 홍고추는 잘게 다진다.

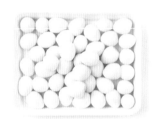

[완성하기]

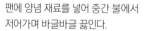

3. 팬에 양념 재료를 넣어 중간 불에서 저어가며 바글바글 끓인다.

4. 메추리알을 넣고 중약 불에서 4~5분간 뒤섞으면서 조린다. 고추, 통깨를 넣고 한소끔 끓인다.

뜨끈한 밥 위에 매콤한 양념장과 고소한 메추리알을 올려 슥슥 비벼 먹으면 그 맛이 꿀맛.
중독성 있는 양념장이 은근 매력 있어요. 청양고추로 더 매콤하게 즐겨도 좋아요.

참치 무조림

3~4인분 / 30분

- 통조림 참치 1캔(135g)
- 무 1/3개(500g)
- 양파 1/2개(100g)
- 대파 15cm
- 청양고추 1개
- 홍고추 1개
- 물 2컵(400㎖)

양념
- 양조간장 2큰술
- 참치액 2큰술(또는 액젓이나
  국간장 1과 2/3큰술)
- 고춧가루 1큰술
- 고추장 1큰술
- 다진 마늘 1큰술
- 설탕 1/2큰술
- 맛술 1큰술
- 다진 생강 약간(생략 가능)
- 후춧가루 약간

[준비하기]

① 무는 세로로 2등분해 약 0.8~1cm 두께로 반달 모양으로 썬다.
② 양파는 0.4cm 두께로 채 썬다.
③ 대파, 청양고추, 홍고추는 송송 썬다.
④ 볼에 양념 재료를 섞는다.

[완성하기]

⑤ 냄비에 무를 층층이 깔고
④의 양념장을 넣은 후 물을 붓고
뚜껑을 덮어 센 불에서 끓인다.

⑥ 끓어오르면 중간 불로 줄여 10~12분간
끓인 후 양파, 대파, 통조림 참치를 넣고
양념장을 골고루 끼얹으면서 7~8분간
더 끓인다. 청양고추, 홍고추를 넣는다.

무와 통조림 참치만으로 어느 생선조림보다 더 맛있고 간단하게 만들 수 있어요.
생강으로 참치의 비릿 맛도 없앴어요.

부추 오리주물럭

2~3인분 / 25분 + 오리 재우기 10~20분

- 오리고기(주물럭용) 400g
- 다진 청양고추 1개
- 다진 생강 1/3작은술
  (또는 생강가루)
- 양파 1/2개(100g)
- 부추 1줌(70g)
- 대파 15cm
- 포도씨유 1작은술
- 통깨 약간

양념
- 고추장 2큰술
- 고춧가루 2큰술
- 청주 1큰술
- 설탕 1큰술
- 물엿 1큰술
- 양조간장 1큰술
- 참치액 1큰술
- 다진 마늘 1큰술
- 후춧가루 약간

[준비하기]

① 오리고기는 키친타월로 꾹꾹 눌러가며 핏기와 물기를 없앤 후 다진 청양고추, 생강가루를 넣고 버무려 5분간 재운다.

② 양파는 도톰하게 채 썬다.

③ 부추는 약 4~5cm 길이로 썬다. 대파는 송송 썬다.

④ 볼에 양념 재료를 섞는다.

[완성하기]

⑤ 볼에 오리고기, ④의 양념 80% 정도를 넣고 버무려 10~20분간 재운다.

⑥ 달군 팬에 포도씨유를 두르고 약한 불에서 대파를 넣어 1분간 볶은 후 오리고기를 넣고 양념이 타지 않게 뒤섞어 가며 중간 불에서 4~6분간 익힌다.

⑦ 양파를 넣어 2~3분간 볶고 나머지 양념을 넣어 간을 조절한 후 부추를 넣고 30초 정도 볶는다. 통깨를 뿌린다.

불포화 지방산이 풍부한 오리와 찰떡궁합 부추의 콜라보로 탄생한 영양만점 반찬입니다.
매콤 짭짤한 양념의 오리주물럭으로 저녁 식탁을 완성해 보세요.

더 맛있게 T.I.P.

* 찬 성질인 오리고기와 따뜻한 성질인 부추는 함께 먹으면 균형이 잘 맞는 찰떡 궁합 음식이에요.
오리고기 요리에 부추를 곁들이면 영양학적으로도 좋고 오리 특유의 냄새를 잡아주는 역할도 해요.

* 오리고기는 미리 양념해서 냉장실에서 1시간 이상 숙성하면 더 좋아요.

돼지고기두루치기

2~3인분 / 25분

- 돼지고기 600g(앞다리살, 뒷다리살,
  목살, 삼겹살 등)
- 양파 1/2개(100g)
- 당근 1/3개(70g)
- 대파 40cm
- 청양고추 1/2개
- 홍고추 1/2개
- 설탕 1큰술
- 포도씨유 2큰술
- 통깨 약간

양념
- 고춧가루 3큰술
- 물 3큰술
- 고추장 2큰술
- 양조간장 2큰술
- 맛술 1큰술
- 올리고당 1큰술
- 참치액 1큰술
- 다진 마늘 1큰술
- 후춧가루 약간

[준비하기]

① 양파는 채 썬다. 당근은 세로로 2등분해 0.2cm 두께로 얇게 어슷 썬다.
② 대파 흰 부분은 얇게 송송 썰고 푸른 부분은 두껍게 어슷 썬다.
③ 청양고추, 홍고추는 어슷 썬다.
④ 볼에 양념 재료를 섞는다.

[완성하기]

⑤ 달군 팬에 포도씨유를 두르고 대파
흰 부분을 넣어 약한 불에서 1분간
볶은 후 센 불로 올려 돼지고기, 설탕을
넣고 3~5분간 볶는다.

⑥ ④의 양념장을 2/3 정도 넣고
중간 불에서 1~2분간 볶는다.

⑦ 양파, 당근, 나머지 양념장을 넣어
중간 불에서 빠르게 섞어가며 1~2분간
볶는다. 대파의 푸른 부분을 넣고
불을 끈 후 참기름, 통깨를 넣는다.

오래 재우지 않고 바로 양념해서 볶아낼 수 있는 초간단 고기 반찬입니다. 밥 한 공기 뚝딱하는
반찬계의 스테디셀러를 소개해 드려요. 돼지고기는 어느 부위든 상관 없이 사용할 수 있어요.

더 맛있게 T.I.P.

* 돼지고기는 센 불에 빠르게 섞어가며
  볶는 것이 포인트예요.
* 양념장은 90% 정도 먼저 넣어
  색과 간을 본 후 조금씩 더하세요.
* 양념은 오리, 닭, 돼지, 오징어, 쭈꾸미 등
  다양한 재료의 볶음요리에 활용할 수 있어요.

열 반찬
필요 없는

영양솥밥

전문점에서 먹으면 꽤 비싼 솥밥.
재료를 더 풍성하게 넣은 가성비 솥밥을
집에서도 쉽게 만들어 보세요.

밤 단호박 버섯밥

5대 영양소가 풍부해 천연 영양제라고도 불리는 밤.
여기에 단호박을 듬뿍 넣고 솥밥을 지으면 달달해서
아이들도 부담없이 먹을 수 있어요.

- 멥쌀 1컵(160g)
- 찹쌀 1컵(160g)
- 깐 밤 10~15알(150g)
- 단호박 1/4개(200g 내외)
- 표고버섯 4개(100g)
- 물 2컵(400㎖)
- 들기름 1과 1/2큰술
- 소금 1/3작은술

양념장
- 다진 풋고추, 홍고추 각 1개분
  (또는 다진 대파 10cm)
- 양조간장 2큰술
- 올리고당 1/2큰술
- 고춧가루 1큰술
- 다진 마늘 1/2큰술
- 참기름 1큰술
- 통깨 1큰술
- 생수 1큰술

더 맛있게 T.I.P.

* 단호박을 전자레인지로 살짝 익히면
  손질하기 쉬워요.
* 기호에 따라 불린 콩, 불린 팥, 잣,
  당근 등을 넣어도 좋아요.

[준비하기]

① 멥쌀과 찹쌀은 깨끗이 씻은 후 체에 밭쳐 약 25~30분간 불린다.
② 단호박은 꼭지 부분이 아래로 가게 해서 전자레인지에 1분 30초 정도 돌린 후
   안의 씨를 빼내고 사방 2cm 크기로 썬다.
③ 표고버섯은 밑동을 떼고 4등분한다.
④ 볼에 양념장 재료를 섞는다.

[완성하기]

솥에 불린 쌀, 소금, 들기름, 밤, 단호박, 표고버섯, 물을 넣어
뚜껑을 닫고 센 불에서 8분, 약한 불에서 12분, 불을 끄고 5분간 뜸을 들인다.
④의 양념장, 구운 김 등을 곁들인다.

153

쪽파 감자밥

3인분 / 30분 + 쌀 불리기와 다시마물 만들기 30분

- 멥쌀 2컵(320g)
- 감자 2와 1/4개(450g)
- 다시마물 2와 1/2컵(500㎖)
- 쪽파 5줄기(40g)

양념장
- 참치액 1과 1/2큰술
- 양조간장 1과 1/2큰술
- 참기름 2큰술
- 통깨 1과 1/2큰술

[준비하기]

① 쌀은 깨끗이 씻은 후 체에 밭쳐 25~30분간 불린다.
② 물(2와 1/2컵)에 다시마(5×5cm 크기) 2장을 넣어 15분간 우린다.
③ 감자는 사방 2.5cm 크기로 큼직하게 썬다. 쪽파는 송송 썬다.
④ 볼에 양념장 재료를 섞는다.

[완성하기]

⑤ 솥에 불린 쌀, 감자, 마늘, 다시마물을 넣어 뚜껑을 닫고 센 불에 끓어오르면 중간 불로 줄여 10분, 약한 불로 줄여 12분, 불을 끄고 2~3분간 뜸들인다.

⑥ 다시마는 건져내고 밥을 아래위로 고루 섞는다. ④의 양념장을 곁들인다.

자극적인 입맛에 길들여지다 이 소박한 감자밥을 먹으면
마음까지 힐링 되는 메뉴예요. 김과 함께 먹으면 더 맛있어요.

더 맛있게 T.I.P.

* 다시마물 대신 다시마를 올려 밥을 지어도 돼요.
* 구운 곱창김(재래김) 등을 곁들이면 더 맛있어요.

표고버섯 당근밥

3인분 / 35분 + 쌀 불리기와 다시마물 만들기 30분

- 멥쌀 1컵(160g)
- 찹쌀 1컵(160g)
- 표고버섯 8개~10개(150~180g)
- 당근 1/4개(50g)
- 다시마물 2컵(400㎖)
- 들기름 2큰술
- 소금 1/2작은술

양념장
- 송송 썬 쪽파 2줄기(16g)
- 잘게 썬 홍고추 1개
- 생수 2큰술
- 양조간장 1큰술
- 참치액 1큰술
- 참기름 1큰술(또는 들기름)
- 통깨 1큰술
- 고춧가루 1작은술
- 설탕 1작은술

[준비하기]

① 멥쌀과 찹쌀은 깨끗이 씻은 후 체에 밭쳐 약 25~30분간 불린다.
② 물(2컵)에 다시마(5×5cm 크기) 2장을 넣어 15분간 우린다.
③ 표고버섯은 0.3~0.4cm 두께로 썬다. 당근은 가늘게 채 썬다.
④ 볼에 양념장 재료를 섞는다.

[완성하기]

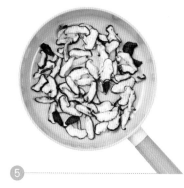

⑤ 달군 팬에 표고버섯을 넣고 중간 불에서 3~4분간 볶아 수분기를 날린다.

⑥ 솥에 ⑤, 불린 쌀, 다시마물, 당근, 들기름, 소금을 넣어 뚜껑을 닫고 센 불에서 끓인다.

⑦ 끓어오르면 중간 불로 줄여 10분, 약한 불에서 12분, 불을 끄고 2~3분간 뜸을 들인다. ④의 양념장을 곁들인다.

표고버섯의 쫄깃한 식감과 향을 동시에 느낄 수 있는 영양 솥밥입니다.
버섯 밑동은 버리지 말고 결대로 찢어 밥할 때 넣어도 돼요.

더 맛있게 T.I.P.

* 버섯을 볶아 넣으면 식감과 향이 좋아져요. 이 과정이 번거롭다면 볶지 않고 그대로 넣어도 돼요.

콩나물 무밥

3인분 / 35분 + 쌀 불리기 30분

- 멥쌀 1컵(160g)
- 찹쌀 1컵(160g)
- 무 1/5개 (250g)
- 콩나물 1/2봉 (170g)
- 물 1과 1/2컵(300㎖)

양념장
- 영양부추 1/2줌
  (또는 다진 대파 흰 부분, 50g)
- 양조간장 2큰술
- 참치액 1큰술
- 고춧가루 1큰술(기호에 따라 가감)
- 통깨 1큰술
- 참기름 2큰술
- 설탕 2/3큰술

[준비하기]
1. 쌀은 깨끗이 씻은 후 체에 밭쳐 25~30분간 불린다.
2. 콩나물은 체에 밭쳐 물기를 없앤다.
3. 무는 가늘게 채 썬다.
4. 양념장의 영양부추는 2~3cm 길이로 썰어 나머지 재료와 섞는다.

[완성하기]

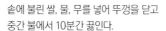

5. 솥에 불린 쌀, 물, 무를 넣어 뚜껑을 닫고
중간 불에서 10분간 끓인다.

6. 콩나물을 올리고 뚜껑을 닫은 후
약한 불로 줄여 12분, 불을 끄고 5분간
뜸들인다. ④의 양념장을 곁들인다.

맛있는 가을무와 아삭한 콩나물을 듬뿍 넣고 지은 엄마의 손맛 느껴지는 따뜻한 솥밥이에요.
영양부추가 든 비빔장을 넣어 비벼 먹으면 담백한 그 맛이 일품이랍니다.

더 맛있게 T.I.P.

* 곱창김, 파래김 등을 곁들이면 좋아요.
* 무, 콩나물 등 수분감이 많은 재료로 밥을 지을 때는
   평소 물의 양보다 1/3 정도 줄여야 밥이 너무 질지 않아요.

미나리 바지락 솥밥

3인분 / 35~40분 + 쌀 불리기 30분

- 멥쌀 1컵(160g)
- 찹쌀 1컵(160g)
- 바지락살 150g
- 미나리 1과 1/2줌(75~80g)
- 표고버섯 3개(또는 느타리버섯, 75g)
- 물 2컵(400㎖)
- 양소산장 1작은술
- 맛술 1큰술
- 청주 1큰술 + 1큰술

양념장
- 송송 썬 쪽파 2줄기
  (또는 다진 대파, 16g)
- 양조간장 2큰술
- 참치액 1큰술
- 고춧가루 1큰술
- 참기름 1큰술
- 통깨 1큰술
- 다진 마늘 1/2큰술
- 설탕 1작은술

[준비하기]

① 멥쌀과 찹쌀은 깨끗이 씻은 후 체에 밭쳐 약 25~30분간 불린다.
② 바지락살은 소금물에 바락바락 씻어 깨끗한 물에 헹군 후 체에 밭쳐 청주 1큰술을 뿌린다.
③ 표고버섯은 밑동을 제거하고 얇게 썬다. 미나리는 먹기 좋은 길이로 썬다.
④ 볼에 양념장 재료를 섞는다.

[완성하기]

⑤
솥에 불린 쌀, 물, 양조간장, 맛술, 청주
(1큰술)를 넣어 섞은 후 표고버섯을 넓게
펼쳐 올리고 그 위에 바지락살을 올린다.
뚜껑을 닫고 센 불에서 끓인다.

⑥
끓어오르면 중간 불로 줄여 10분,
미나리를 올리고 중약 불로 12분,
불을 끄고 2~3분간 뜸을 들인다.
④의 양념장을 곁들인다.

미나리와 바지락, 표고버섯이 만나 감칠맛 폭발하는 솥밥계의 최고봉 메뉴입니다.
미나리와 바지락이 제철인 봄에 꼭 한 번 해보시라고 적극 추천 드리는 시그니처 솥밥이에요.

더 맛있게 T.I.P.

* 과정 ⑥에서 중약 불로 6분간 끓인 후 미나리를 넣으면
  좀 더 아삭한 식감을 살릴 수 있어요.
* 쪽파, 대파, 부추, 달래 등의 양념장 채소는 나머지 양념들과 섞었을 때
  물기가 없을 정도로 충분히 넣어야 양념장이 짜지 않아요.

전복장 누룽지밥

1인분 / 15~20분

- 전복(시판 전복장) 2개
- 밥 1공기(200g)
- 쪽파 2줄기(16g)
- 청양고추 1개
- 달걀노른자 1개
- 전복장 국물 2큰술
  (염도에 따라 가감)
- 검은깨 약간
- 참기름 2작은술

[준비하기]

① 전복은 0.2~0.3cm 두께로 얇게 저미듯이 썬다.
② 쪽파는 송송 썬다.
③ 청양고추는 잘게 다진다.

[완성하기]

④

작은 팬 안쪽에 참기름을 고루 펴 바르고 밥을 펼쳐 담은 후
전복, 전복장 국물, 쪽파, 청양고추, 달걀노른자를 올리고 검은깨를 부린다.
중간 불에서 5~6분 정도 바닥에 누룽지가 생길 때까지 가열한다.

시판 전복장으로 고급 일식집 분위기의 전복 돌솥밥을 10분 만에 뚝딱 만들어 보세요.
간은 전복장 국물로 맞추고 누룽지로 바삭바삭한 식감까지 더해져 별미 중의 별미랍니다.

더 맛있게 T.I.P.

* 마지막에 버터 한 조각을 넣으면 고소한 풍미가 더해져요.

* 전복장 국물은 염도에 따라 가감하세요.

잔멸치 솥밥

3인분 / 30~35분 + 쌀 불리기 30분

- 멥쌀 1과 2/3컵(260g)
- 잔멸치 2와 1/2컵
- 쪽파 3~4줄기(24~32g)
- 참기름 2큰술
- 통깨 2큰술

양념

- 양조간장 2작은술
- 참치액 2작은술
- 맛술 2작은술
- 물 2컵(400㎖)

[준비하기]

1. 쌀은 깨끗이 씻은 후 체에 밭쳐 약 25~30분간 불린다.
2. 멸치는 끓는 물에 1분 정도 살짝 데친 후 체에 밭쳐 물기를 없앤다.
3. 쪽파는 송송 썬다.
4. 냄비에 양념 재료를 섞는다.

[완성하기]

⑤ ④에 불린 쌀을 넣어 뚜껑을 열고 센 불에서 끓어오르면 뚜껑을 덮은 후 중약 불로 줄여 7분 정도 끓인다.

⑥ 멸치를 넣고 최대한 약한 불에서 8분, 불을 끄고 5분간 뜸들인다. 쪽파, 참기름, 통깨를 넉넉히 올린다.

성장기 아이들은 물론 온가족에게 칼슘을 듬뿍 먹일 수 있는 칼슘 폭탄 레시피입니다.
간간해서 따로 양념장을 곁들이지 않아도 맛있어요.

차돌 김치 버터밥

3인분 / 40분 + 쌀 불리기 30분

- 멥쌀 2컵(320g)
- 쇠고기차돌박이 250g
- 잘 익은 김치 2컵(300g)
- 쪽파 6줄기(48g)
- 양파 1/2개(100g)
- 물 1과 3/4컵(약 360㎖)
- 소금 약간
- 후춧가루 약간
- 버터 2큰술
  (또는 들기름 1과 1/2큰술, 20g)
- 김칫국물 2큰술
- 양조간장 1큰술
- 참치액 1큰술
- 설탕 1작은술
- 다진 마늘 1작은술
- 참기름 1작은술

[준비하기]

① 쌀은 깨끗이 씻은 후 체에 밭쳐 약 25~30분간 불린다.
② 냄비에 차돌박이, 양조간장, 참치액, 다진 마늘, 설탕, 후추, 참기름을 넣고
   버무려 5분간 재운다.
③ 양파는 얇게 채 썬다. 김치는 양념을 털어내고 국물을 꽉 짠 후 잘게 송송 썬다.
④ 쪽파는 송송 썬다.

[완성하기]

⑤
냄비에 ②의 고기를 넣어 중간 불에서
1~2분간 볶은 후 그릇에 덜어둔다.

⑥
⑤의 냄비에 양파, 김치, 버터, 김치국물을
넣고 중간 불에서 4~5분간 충분히
볶은 후 불린 쌀을 넣어 고루 섞으면서
1~2분간 볶는다.

⑦
물을 넣고 뚜껑을 덮어 센 불에서
6분간 끓인 후 ⑤를 올리고 약한 불로 줄여
10분, 불을 끄고 2~3분간 뜸들인다.
참기름, 쪽파를 수북이 올린다.

차돌박이와 김치는 말이 필요 없는 완벽한 조합이죠.
집 나간 입맛도 돌아오게 하는, 감칠맛 폭발하는 솥밥을 소개할게요.

더 맛있게 T.I.P.
* 곱창김이나 재래김 등 조미 안된 김을 구워 싸먹어도 맛있어요.
* 송송 썬 쪽파를 수북이 올려야 섞어서 먹을 때 풍미가 더 좋아요.

당 떨어지는

오후 간식

아이들에게 자주 만들어 주는 간식들을
모아 봤어요. 익숙해지면 빠르고 간단하게
준비할 수 있답니다.

블루베리콩포트 팬케이크

촉촉하고 부드러운 팬케이크에 직접 만든
건강한 단맛의 블루베리콩포트를 곁들였어요.
아이들의 단골 간식이랍니다.

2인분(2장 분량) / 25분

- 우유 2/3컵(약 140㎖)
- 팬케이크가루 1과 1/2컵
- 달걀 1개
- 냉동 블루베리 1컵(180g)
- 설탕 3큰술
- 레몬즙 1/2큰술(생략 가능)
- 버터 2큰술

더 맛있게 T.I.P.

* 팬케이크 반죽은 가루를 넣고
  너무 섞지 않는 것이 좋아요.
* 냉동 블루베리는 물에 살짝 씻은 후
  물기를 없애고 사용하세요.
* 팬케이크가루는 종류에 따라 우유,
  달걀 양이 조금씩 차이 날수 있어요.
  제품별 설명서를 참조하세요.
* 버터 대신 식용유를 사용할 경우
  키친타월로 팬을 한 번 닦아내고
  반죽을 구워요.
* 기호에 따라 바나나 슬라이스,
  메이플시럽 등을 추가해도 좋아요.

[준비하기]

① 볼에 달걀을 충분히 잘 풀고 우유를 넣어 섞은 후
   팬케이크가루를 넣어 뭉친 날가루가 없게 고루 섞는다.

② 냄비에 냉동 블루베리, 설탕을 넣어 센 불에서 끓어오르면
   레몬즙을 넣고 중간 불로 낮춰 살살 저으면서 15~20분 정도 끓인다.

[완성하기]

③

약한 불로 예열한 팬에 버터(1/2큰술)를 넣어 녹이고 반죽을 국자로 적당히 떠서 올린 후
약한 불에서 2~3분간 구워 반죽 표면에 보글보글 기포가 전체적으로 생길 때까지 굽는다.
뒤집어 반대쪽도 1~2분간 구운 후 버터, 블루베리콩포트를 올린다.

수플레오믈렛

1~2인분 / 20분

- 달걀 2개
- 설탕 1큰술
- 버터 2큰술
- 소금 약간
- 슈거파우더 적당량(생략 가능)
- 아가베시럽 1~2큰술
  (또는 메이플시럽이나 꿀)

[준비하기]

① 볼에 달걀 흰자와 노른자를 각각 분리한다.

[완성하기]

② ①의 달걀 흰자에 설탕을 넣고 핸드믹서로 4분간 휘핑해 단단한 머랭을 만든다.

③ ①의 노른자에 소금을 넣어 고루 섞은 후 ②의 머랭 1/2분량을 넣고 가볍게 섞는다.

④ 달군 팬에 버터를 녹이고 ③의 반죽, 나머지 머랭을 올린다. 뚜껑을 덮고 최대한 약한 불로 줄여 4~5분간 익혀 반으로 접은 후 그릇에 담고 시럽과 슈거파우더를 뿌린다.

먹음직스럽게 부푼 비주얼만으로도 식욕을 자극하는
오믈렛을 집에서도 만들어 보세요.
밀가루 없이도 환상적으로 맛있는 저탄고지 디저트 메뉴예요.

더 맛있게 T.I.P.

* 달걀이 차가울수록 머랭이 쉽게 잘 올라오고 단단해요.

쪽파 치즈소스 바게트

2~3인분 / 20분

- 쪽파 6~7줄(48~56g)
- 바게트 12~15쪽
- 버터 2큰술

치즈소스
- 크림치즈 6큰술
- 마요네즈 4큰술
- 꿀 4큰술
- 다진 마늘 2큰술

[준비하기]

① 바게트는 적당한 두께로 썬다.
② 쪽파는 송송썬다.
③ 볼에 치즈소스 재료를 섞는다.

[완성하기]

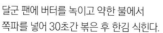
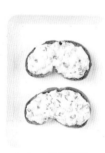

④ 달군 팬에 버터를 녹이고 약한 불에서 쪽파를 넣어 30초간 볶은 후 한김 식힌다.

⑤ ③의 소스에 ④를 넣어 섞은 후 바게트 위에 1과 1/2큰술씩 듬뿍 올리고 180℃로 예열한 오븐에서 7~8분간 굽는다.

달큰한 소스에 마늘과 쪽파의 향이 어우러져 우유, 아메리카노와 함께 곁들이면 끝도 없이
들어가는 마성의 디저트입니다. 유명 빵집의 쪽파 바게트 그 맛 그대로예요.

과카몰리 오픈샌드위치

2인분 / 20분

- 냉동 다이스 아보카도 200g
  (또는 아보카도 1개)
- 양파 1/4개(50g)
- 방울토마토 7~8개
  (또는 토마토 중간 사이즈 1/2개)
- 고수 3줄기(기호에 따라 가감)
- 바게트 8쪽
  (또는 베이글이나 캄파뉴,
  빵의 크기에 따라 가감)
- 올리브유 1과 1/2큰술 + 약간
  (또는 트러플오일)
- 레몬즙 1큰술(또는 라임즙)
- 소금 1/2작은술
- 통후추 약간

[준비하기]

① 냉동 아보카도는 실온에서 10분 이상 해동시킨 후 소금, 통후추를 넣고 살짝 으깬다.
② 방울토마토는 굵게 다진다. 양파는 잘게 다진다.
③ 고수는 1cm 길이로 썬다.
④ 바게트는 적당한 두께로 어슷 썬다.

[완성하기]

⑤

①에 방울토마토, 양파, 레몬즙,
올리브유(1과 1/2큰술)를 넣어 섞는다.

⑥

달군 팬에 바게트를 올려 약한 불에서
2~3분간 앞뒤로 구운 후 ⑤의 과카몰리
2큰술, 통후추 간 것, 고수, 올리브유를
올린다.

174

나초, 베이글, 바게트 등 다양한 재료에 잘 어울리는 과카몰리. 건강한 식재료로만 만들었는데 맛있기까지 하죠. 바게트를 바삭하게 구워 보는 맛까지 더한 오픈 샌드위치로 즐겨보세요.

더 맛있게 T.I.P.

* 냉동 아보카도는 후숙 과정을 따로 거치지 않고 필요할 때 바로 사용할 수 있어요. 생아보카도라면 갈색 빛의 잘 후숙된 것을 고르세요.
* 일반 토마토를 사용할 때는 수분이 많아 질퍽거릴 수 있으니 껍질 쪽 과육 위주로 사용하면 좋아요.
* 양파가 너무 매우면 찬물에 살짝 담가 매운맛과 아린 맛을 제거하세요.

과일 달걀 오픈샌드위치

2인분 / 20~25분

- 골드키위 1개
- 삶은 달걀 1개
- 블루베리 10알(35g)
- 식사빵 4쪽(캄파뉴 등)
- 어린잎채소 1줌(20g)
- 과카몰리 4큰술
  * 만들기 174쪽
- 크림치즈 3~4큰술(80g)
- 믹스너츠 1봉(20g)
- 꿀 2큰술
- 올리브유 2큰술
- 소금 약간
- 통후추 약간

[준비하기]

① 골드키위는 0.3cm 두께로 모양대로 썬다.

② 삶은 달걀은 0.3cm 두께로 모양대로 썬다.

③ 견과류는 봉지 그대로 요리용 망치로 두드려 부순 후 크림치즈와 섞는다.

[완성하기]

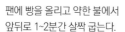

④ 팬에 빵을 올리고 약한 불에서 앞뒤로 1~2분간 살짝 굽는다.

⑤ ④에 크림치즈를 바르고 어린잎채소, 골드키위, 블루베리, 꿀 1큰술을 뿌린다. 다른 빵에는 과카몰리, 어린잎채소, 달걀, 소금, 통후추 간 것, 올리브유를 올린다.

재료별 맛의 조합과 색감을 잘 매칭하면
브런치 카페 감성 그대로의 샌드위치를 만들 수 있어요.

옛날식 사라다빵

3~4인분 / 20분

- 양배추 5장(손바닥 크기, 150g)
- 오이 1개(200g)
- 당근 1/4개(50g)
- 슬라이스햄 5장(50g)
- 모닝빵 10개

양념
- 마요네즈 4큰술
- 토마토케첩 4큰술
- 설탕 2/3큰술
- 후춧가루 약간

[준비하기]

① 양배추는 채칼 또는 칼을 이용해 가늘게 채 썬다.
② 오이는 4등분해서 씨 부분을 빼고 돌려 깎아 가늘게 채 썬다. 당근, 햄은 가늘게 채 썬다.
③ 모닝빵은 반으로 썬다.
④ 큰 볼에 양념 재료를 섞는다.

[완성하기]

⑤ ④의 볼에 양배추, 오이, 당근, 햄을 넣고 섞는다.

⑥ 달군 팬에 ③의 모닝빵을 올리고 약한 불에서 1~2분간 구운 후 ⑤를 가득 채운다.

아삭아삭한 양배추가 듬뿍, 햄도 듬뿍! 새콤달콤한 케첩마요소스에 버무린
추억의 맛 옛날식 사라다빵입니다. 가벼운 한끼 식사로 추천해요.

더 맛있게 T.I.P.

* 오이의 씨 부분은 수분기가 많아 식감이 떨어지고 샐러드에 물이 많이 생길 수 있어요.

* 통조림 옥수수, 사과, 당근 등의 채소를 추가해도 좋아요.

초코 바나나토스트

1~2인분 / 15분

- 식빵 2쪽
- 바나나 1개
- 시리얼 4큰술
- 버터 1/2큰술
- 초콜릿스프레드(누텔라) 1과 1/2큰술
- 연유 1큰술

[준비하기]

① 바나나는 반으로 자르고 세로로 길게 2등분한다.
② 시리얼은 비닐 봉지에 넣어 요리용 망치 또는 밀대로 적당히 잘게 부순다.
③ 달군 팬에 식빵을 올리고 약한 불에서 앞뒤로 노릇하게 1~2분간 굽는다.

[완성하기]

④
달군 팬에 버터를 녹이고 바나나를 넣어
중간 불에서 2분간 앞뒤로 굽는다.

⑤
식빵에 초콜릿스프레드를 바르고
④, 시리얼, 연유를 올린다.

부드러운 바나나에 바삭한 시리얼, 초콜릿스프레드가
극강의 달달한 맛을 선사하는 악마의 토스트를 소개해요.

고구마 치즈구이

2~3인분 / 25분 + 고구마 찌기 15~20분

- 고구마 3개(개당 230g)
- 우유 4~5큰술(60~70㎖, 고구마 상태에 따라 가감)
- 슈레드 피자치즈 1컵(200g)
- 슬라이스치즈 3장
- 베이컨 2줄(40g)
- 파슬리 약간
- 버터 1큰술
- 올리고당 1큰술(또는 꿀이나 물엿)
- 소금 1/2작은술

[준비하기]

① 고구마는 껍질째 세로로 2등분해 찜기에 15분 이상 또는 전자레인지에 6~7분 정도 충분히 익힌다.

② 슬라이스치즈는 반으로 썬다. 베이컨은 잘게 다진다.

[완성하기]

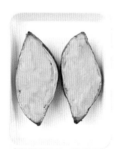

③ ①의 고구마를 한김 식힌 후 작은 숟가락을 이용해 그릇 모양으로 가운데 속을 판다.

④ 파 낸 고구마, 우유, 버터, 올리고당, 소금을 섞은 후 ③의 고구마 안에 가득 채운다.

⑤ 슬라이스치즈 1/2장 → 슈레드 피자치즈 2큰술 → 다진 베이컨 1큰술을 올리고 200℃로 예열한 오븐(또는 에어프라이어)에 10분 정도 노릇하게 굽는다.

차갑게 식은 고구마가 환골탈태해서 맛있는 고구마 치즈구이가 되었어요.
단짠의 중독성 있는 맛에 남녀노소가 모두 좋아하는 영양 간식이랍니다.

더 맛있게 T.I.P.
* 먹고 남은 고구마를 활용하면 더 좋아요.
* 오븐 또는 에어프라이어 상태에 따라 온도와 굽는 시간은 조절하세요.

인절미 우유빙수

유명 프랜차이즈 팥빙수의 맛 그대로를 집에서도 즐겨 보세요.
제빙기 없이도 간편하게 우유를 얼려 만들 수 있는 꿀팁을 대방출합니다.

1~2인분 / 10분(얼음 얼리는 시간 제외)

- 우유 2컵(400㎖)
- 빙수용 팥 8~10큰술(기호에 따라 조절)
- 미숫가루 4큰술
- 인절미 50g(기호에 따라 가감)
- 아몬드슬라이스 2큰술
- 연유 1~2큰술

더 맛있게 T.I.P.

* 우유는 평평하게 펼쳐서 냉동실에 넣어야
  빨리 얼고 꺼내서 바로 사용할 수 있어요.

* 팥이나 미숫가루의 양은 기호에 따라
  조절하세요.

[준비하기]

① 지퍼백에 우유 2컵을 넣고
   평평하게 펼쳐 냉동실에 얼린 후
   상온에서 살짝 해동해서 요리용 망치
   또는 밀대로 곱게 두드려 깬다.

[완성하기]

② 볼에 우유 얼음 → 빙수용 팥 →
   미숫가루 → 우유 얼음 → 미숫가루
   → 빙수용 팥 순으로 올린 후 인절미,
   아몬드 슬라이스, 연유를 올린다.

미숫가루 버블티

평범한 미숫가루도 타피오카 펄을 넣으면 간단하게 프랜차이즈 버블티처럼 만들 수 있어요. 미숫가루가 한층 더 맛있어져요.

1인분 / 5~10분

- 우유 1컵(200㎖)
- 미숫가루 2~3큰술
- 시판 타피오카 3~4큰술
- 꿀 1큰술
- 큐브형 얼음 8~10개

더 맛있게 T.I.P.

* 타피오카는 제품별 해동 방법을
  참조해 준비하세요.
* 얼음이 녹으면서 묽어지기 때문에
  미숫가루를 진하게 타는 게 좋아요.

[준비하기]

① 타피오카 펄을
  설명서에 적혀 있는 대로 데운다.

[완성하기]

② 볼에 미숫가루, 우유, 꿀을 넣고
  거품기로 뭉친 가루 없이
  충분히 푼 후 컵에 얼음, ①의
  타피오카 펄을 담는다.

[가나다순]

<더 쉬운 가성비 집밥>과 **함께 보면 좋은 책**

초보부터 고수까지 누구나 소장해야 할 요리교과서

〈 진짜 기본 요리책 〉
요리잡지 수퍼레시피 지음 / 356쪽

집밥을 위해 제대로 만든
〈진짜 기본 요리책〉 시리즈

☑ 엄마 밥상에서 막 독립한 왕초보를 위한
　'1탄 기본편'

☑ 늘 먹던 기본 집밥을 다채롭게 만드는
　'2탄 다채로운 응용편'

☑ 오늘 시작하는 초보도 그대로 따라 하면 성공하는
　상세한 과정 사진과 설명

☑ 재료 고르는 법부터 냉장, 냉동법, 불 세기 등
　초보라면 궁금해할 만한 내용 총망라

〈 진짜 기본 요리책 : 응용편 〉
요리잡지 수퍼레시피, 정민 지음 / 352쪽

전국의 수강생들이 찾아가 배우는 명랑쌤의 똑 떨어지는 비법

〈 집밥이 편해지는 명랑쌤 비법 밑반찬 〉
명랑쌤 이혜원 지음 / 160쪽

삼시 세끼에 도시락까지 싸야 한다면?
한 번에 넉넉히 만들어 집밥을 편하게!
일주일 내내 먹어도 한결같이 맛있는
명랑쌤 비법 밑반찬을 만나보세요.

〈 집밥이 더 맛있어지는 명랑쌤 비법 국물요리 〉
명랑쌤 이혜원 지음 / 160쪽

국물요리가 번거롭고 어렵나요?
'명랑쌤 비법 밑국물'만 있으면 걱정 끝!
국, 찌개, 전골, 조림 등 푸짐한 국물요리로
온 가족이 좋아하는 집밥을 만들어보세요.

〈 외식보다 맛있는 집밥, 명랑쌤 비법 한 그릇 밥과 면 〉
명랑쌤 이혜원 지음 / 160쪽

외식보다 더 맛있는 집밥이라면?
밥, 반찬, 국을 따로 준비할 필요 없이
근사한 한 그릇으로 끝내는 집밥
이제 집밥을 외식보다 더 편하고 맛있게 즐겨요.

더 쉬운
가성비
집밥

1판 1쇄 펴낸 날	2022년 8월 10일
1판 2쇄 펴낸 날	2022년 10월 5일

편집장	김상애
레시피 검증	정민(정민쿠킹스튜디오)
디자인	원유경
사진	김덕창, 엄승재(Studio DA)
스타일링	송은아(어시스턴트 김에란)
영업 · 마케팅	김은하 · 고서진

편집주간	박성주
펴낸이	조준일

펴낸곳	(주)레시피팩토리
주소	서울특별시 용산구 한강대로 95 래미안용산더센트럴 A동 509호
대표번호	02-534-7011
팩스	02-6969-5100
홈페이지	www.recipefactory.co.kr
애독자 카페	cafe.naver.com/superecipe
출판신고	2009년 1월 28일 제25100-2009-000038호

제작 · 인쇄	(주)대한프린테크

값 16,600원

ISBN 979-11-92366-06-7